深入浅出MyBatis
技术原理与实战

杨开振／著

电子工业出版社·
Publishing House of Electronics Industry
北京·BEIJING

内 容 提 要

随着大数据时代的到来，Java 持久层框架 MyBatis 已经成为越来越多企业的选择。遗憾的是，时至今日国内依然没有一本讨论 MyBatis 的书，这增加了初学者的学习难度，初学者往往只能基于零星的案例来学习 MyBatis，无法系统地掌握 MyBatis，更不用说精通了。《深入浅出 MyBatis 技术原理与实战》是笔者通过大量实践和研究源码后创作而成的，是国内第一本系统介绍 MyBatis 的著作。

本书分为 3 个部分，依次介绍了 MyBatis 的基础应用、原理及插件开发、实践应用，使读者能够由浅入深、循序渐进地掌握 MyBatis 技术。首先，本书在官方 API 的基础上完善了许多重要的论述和实例，并且给出了实操建议，帮助读者正确掌握 MyBatis。其次，本书详细讲述了 MyBatis 的内部运行原理，并全面讨论了插件的开发。最后，本着学以致用的原则，笔者阐述了 MyBatis-Spring 项目和一些 MyBatis 开发常见的实例，使读者能够学得会，用得好。

本书不是一本一味同嚼蜡的理论专著，而是一本 MyBatis 的实践指南，无论你是 Java 程序员、MyBatis 开发者，还是 Java 持久层框架的研究者，你都能从本书中收获知识。

图书在版编目（CIP）数据

深入浅出 MyBatis 技术原理与实战 / 杨开振著. —北京：电子工业出版社，2016.9
ISBN 978-7-121-29594-2

Ⅰ. ①深… Ⅱ. ①杨… Ⅲ. ①JAVA 语言—程序设计 Ⅳ. ①TP312

中国版本图书馆 CIP 数据核字（2016）第 183295 号

责任编辑：徐津平
印　　刷：中国电影出版社印刷厂
装　　订：三河市华成印务有限公司
出版发行：电子工业出版社
　　　　　北京市海淀区万寿路 173 信箱　邮编：100036
开　　本：787×980　1/16　印张：16.75　字数：310 千字
版　　次：2016 年 9 月第 1 版
印　　次：2016 年 9 月第 1 次印刷
定　　价：69.00 元

凡所购买电子工业出版社图书有缺损问题，请向购买书店调换。若书店售缺，请与本社发行部联系，联系及邮购电话：（010）88254888，88258888。
质量投诉请发邮件至 zlts@phei.com.cn，盗版侵权举报请发邮件至 dbqq@phei.com.cn。
本书咨询联系方式：（010）51260888-819，faq@phei.com.cn。

前 言

随着手机、平板电脑等移动终端的广泛应用，移动互联网时代已经到来。在这个时代里，构建一个高效的平台并提供服务是移动互联网的基础，在众多的网站服务中，使用 Java 构建网站的不在少数。移动互联网的特点是大数据、高并发，对服务器往往要求分布式、高性能、高灵活等，而传统模式的 Java 数据库编程框架已经不再适用了。在这样的背景下，一个 Java 的持久框架 MyBatis 走入了我们的世界，它以封装少、高性能、可优化、维护简易等优点成为了目前 Java 移动互联网网站服务的首选持久框架，它特别适合分布式和大数据网络数据库的编程。

本书主要讲解了 MyBatis 的应用。从目前的情况来看，国内图书市场上没有介绍 MyBatis 的书籍，有的只是官方的 API 和少数的几篇博客文章，国外图书市场上的这类书籍也是凤毛麟角，这使得系统学习 MyBatis 困难重重。官方的 API 只是简单介绍了 MyBatis 有些什么功能和一些基本的使用方法，没有告诉我们如何用好，其中原理是什么，需要注意哪些问题，这显然是不够的。有些博客虽然讲解得比较深入，但是内容支离破碎，没有形成一个完整的知识体系，不易于初学者对 MyBatis 进行系统学习。随着移动互联网应用的兴起，系统掌握 MyBatis 编程技巧已经成了用 Java 构建移动互联网网站的必要条件。为了顺应时代的要求，笔者写下了这本书，以期为广大需要掌握 MyBatis 的开发者提供学习和参考的资料。

阅读本书要求开发人员拥有 Java 语言基础和 JDBC 基础知识，对数据库也要掌握入门知识，最好能够掌握常用的设计模式，因为在介绍 MyBatis 构造时，常常涉及设计模式，尤其是第 6 章和第 7 章的内容。

本书以讲解 MyBatis 基础运用和原理为主，所以适合初级到中高级开发人员阅读。

本书分为三大部分。

第一部分是 MyBatis 基础应用，主要介绍如何高效地使用 MyBatis。

第 1 章：MyBatis 的内容简介，告诉读者 MyBatis 是什么，在何种场景下使用它。

第 2 章：主要介绍 MyBatis 的基础模块及其生命周期，并给出实例。

第 3 章：主要介绍 MyBatis 配置的主要含义和内容。

第 4 章：介绍 MyBatis 映射器的主要元素及其使用方法。

第 5 章：介绍动态 SQL，助你轻松应对大部分的 SQL 场景。

第二部分是 MyBatis 原理，我们将深入源码去理解 MyBatis 的内部运行原理以及插件的开发方法和技巧。

第 6 章：介绍 MyBatis 的解析和运行原理，我们将了解到 SqlSession 的构建方法，以及其四大对象是如何工作的。

第 7 章：在第 6 章的基础上着重介绍 MyBatis 的插件，这里我们将学习插件的设计原理，以及开发方法和注意的要点。

第三部分是 MyBatis 的实战应用，主要讲解 MyBatis 的一些实用的场景。

第 8 章：介绍 MyBatis-Spring，主要讲解如何在 Spring 项目中集成 MyBatis 应用，帮助读者在 Spring 的环境中顺利使用 MyBatis。

第 9 章：介绍 MyBatis 的实用场景，精选一批典型且又常用的场景。详细解析每一个场景下，开发人员需要注意避免的一些错误和性能上的损失。

MyBatis 源于 2002 年的 iBatis 项目，至今 MyBatis 中依然有许多 iBatis 的痕迹。本书默认使用 MyBatis 的版本是 3.3.0，使用 MyBatis-Spring 的版本是 1.2.3。而历史上的 iBatis 的书籍已经跟不上技术发展的步伐，于是笔者通过自己的努力和实践，在研究 MyBatis 源码的基础上，写作本书。从本书中既能学习如何使用 MyBatis，也可以学习 MyBatis 的原理和应用，为国内的 MyBatis 开发者提供一条系统掌握 MyBatis 编程技巧的捷径，当然读者也可以把本书作为工具书参考。在实际操作中，MyBatis 往往是结合 Spring 使用的，于是本书花费了一些篇幅讲解 MyBatis-Spring 技术，笔者也会略略提到 Spring 项目的内容，以便更好地论述它们。最后笔者还将讲解一些使用频率高、参考价值大的场景，使读者能熟练掌握 MyBatis 的开发。

本书坚持实用原则，对于一些使用频率低的技术并没有提及太多，比如注解 SQL、SQL 构造器等内容，使用这些内容，会造成代码的可读性下降。

感谢我的公司为我提供真实的使用 MyBatis 的环境，所有的程序代码都经过了调试。感谢我的姐姐杨坚，她参与编写并通篇审校了本书，润色了那些晦涩的句子。同时也感谢电子工业出版社的编辑们，尤其是汪达文的全程跟进。没有他们的辛苦付出，就没有本书的成功出版。在出版本书的欣喜之余，也伴着战战兢兢，因为笔者才疏学浅，很多东西都是从对源码的理解和实际操作中获得的，因此书中难免有疏漏之处，或有不能让读者满意的地方。如果有困惑，读者可以发邮件到我的邮箱：ykzhen2013@163.com，也可以在我的博客（http://blog.csdn.net/ykzhen2015）中和我讨论，还望各位同行不吝赐教。

杨开振

2016 年 7 月

目　　录

第 1 章

MyBatis 简介

本章主要介绍了 Java ORM 的来源和历史，同时分别介绍了 JDBC、Hibernate 和 MyBatis 三种访问数据库的方法，在分析它们优缺点的基础上，比较它们之间的区别和适用的场景。

1.1 传统的 JDBC 编程

Java 程序都是通过 JDBC（Java Data Base Connectivity）连接数据库的，这样我们就可以通过 SQL 对数据库编程。JDBC 是由 SUN 公司（SUN 公司后被 Oracle 公司收购）提出的一系列规范，但是它只定义了接口规范，而具体的实现是交由各个数据库厂商去实现的，因为每个数据库都有其特殊性，这些是 Java 规范没有办法确定的，所以 JDBC 就是一种典型的桥接模式。

传统的 JDBC 编程的使用给我们带来了连接数据库的功能，但是也引发了巨大的问题。代码清单 1-1 是用 JDBC 编程的一个例子。我们将从 MySQL 数据库中查询一个角色的名称，假设我们已经知道角色编号为 1。

代码清单 1-1：JdbcExample.java

```java
public class JdbcExample {
    private Connection getConnection() {
        Connection connection = null;
        try {
            Class.forName("com.mysql.jdbc.Driver");
            String url = "jdbc:mysql://localhost:3306/mybatis?zeroDateTime
Behavior=convertToNull";
            String user = "root";
```

```
            String password = "learn";
            connection = DriverManager.getConnection(url, user, password);
        } catch (ClassNotFoundException | SQLException ex) {
            Logger.getLogger(JdbcExample.class.getName()).log(Level.SEVERE,
null, ex);
            return null;
        }
        return connection;
    }
    public Role getRole(Long id) {
        Connection connection = getConnection();
        PreparedStatement ps = null;
        ResultSet rs = null;
        try {
            ps = connection.prepareStatement("select id, role_name, note from
t_role where id = ?");
            ps.setLong(1, id);
            rs = ps.executeQuery();
            while(rs.next()) {
                Long roleId = rs.getLong("id");
                String userName = rs.getString("role_name");
                String note = rs.getString("note");
                Role role = new Role();
                role.setId(id);
                role.setRoleName(userName);
                role.setNote(note);
                return role;
            }
        } catch (SQLException ex) {
            Logger.getLogger(JdbcExample.class.getName()).log(Level.SEVERE,
null, ex);
        } finally {
            this.close(rs, ps, connection);
        }
        return null;
    }
    private void close(ResultSet rs, Statement stmt, Connection connection)
{
        try {
            if (rs != null && !rs.isClosed()) {
                rs.close();
```

```
            }
        } catch (SQLException ex) {
            Logger.getLogger(JdbcExample.class.getName()).log(Level.SEVERE,
null, ex);
        }
        try {
            if (stmt != null && !stmt.isClosed()) {
                stmt.close();
            }
        } catch (SQLException ex) {
            Logger.getLogger(JdbcExample.class.getName()).log(Level.SEVERE,
null, ex);
        }
        try {
            if (connection != null && !connection.isClosed()) {
                connection.close();
            }
        } catch (SQLException ex) {
            Logger.getLogger(JdbcExample.class.getName()).log(Level.SEVERE,
null, ex);
        }
    }
    public static void main(String[] args) {
        JdbcExample example = new JdbcExample();
        Role role = example.getRole(1L);
        System.err.println("role_name => " + role.getRoleName());
    }
}
```

从代码中我们可以看出整个过程大致分为以下几步：

- 使用 JDBC 编程需要连接数据库，注册驱动和数据库信息。
- 操作 Connection，打开 Statement 对象。
- 通过 Statement 执行 SQL，返回结果到 ResultSet 对象。
- 使用 ResultSet 读取数据，然后通过代码转化为具体的 POJO 对象。
- 关闭数据库相关资源。

使用传统的 JDBC 方式存在一些弊端。其一，工作量相对较大。我们需要先连接，然后处理 JDBC 底层事务，处理数据类型。我们还需要操作 Connection 对象、Statement 对象和 ResultSet 对象去拿到数据，并准确关闭它们。其二，我们要对 JDBC 编程可能产生的异常进行捕捉处理并正确关闭资源。对于一个简单的 SQL 在 JDBC 中尚且如此复杂，何况是更为复杂的应用呢？很快这种模式就被一些新的方法取代，于是 ORM 模型就出现了。不过所有的 ORM 模型都是基于 JDBC 进行封装的，不同的 ORM 模型对 JDBC 封装的强度是不一样的。

1.2 ORM 模型

由于 JDBC 存在的缺陷，在实际工作中我们很少使用 JDBC 进行编程，于是提出了对象关系映射（Object Relational Mapping，简称 ORM，或者 O/RM，或者 O/R mapping）。那什么是 ORM 模型呢？

简单地说，ORM 模型就是数据库的表和简单 Java 对象（Plain Ordinary Java Object，简称 POJO）的映射关系模型，它主要解决数据库数据和 POJO 对象的相互映射。我们通过这层映射关系就可以简单迅速地把数据库表的数据转化为 POJO，以便程序员更加容易理解和应用 Java 程序，如图 1-1 所示。

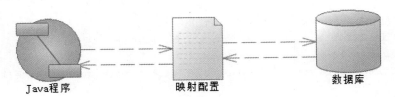

图 1-1 ORM 映射模型

有了 ORM 模型，在大部分情况下，程序员只需要了解 Java 应用而无需对数据库相关知识深入了解，便可以写出通俗易懂的程序。此外，ORM 模型提供了统一的规则使得数据库的数据通过配置便可轻易映射到 POJO 上。

1.3 Hibernate

最初 SUN 公司推出了 Java EE 服务器端组件模型（EJB），但是由于 EJB 配置复杂，且适用范围较小，于是很快就被淘汰了。与 EJB 的失败伴随而来的是另外一个框架的应运而生。它就是从诞生至今都十分流行的 Hibernate。

Hibernate 一问世就成了 Java 世界首选的 ORM 模型，它是建立在 POJO 和数据库表模型的直接映射关系上的。

Hibernate 是建立在若干 POJO 通过 XML 映射文件（或注解）提供的规则映射到数据库表上的。换句话说，我们可以通过 POJO 直接操作数据库的数据。它提供的是一种全表映射的模型。如图 1-2 所示是 Hibernate 模型的开发过程。相对而言，Hibernate 对 JDBC 的封装程度还是比较高的，我们已经不需要编写 SQL 语言（Structured Query Language），只要使用 HQL 语言（Hibernate Query Langurage）就可以了。

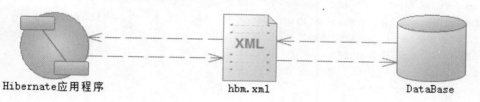

图 1-2　Hibernate 模型的开发过程

首先我们需要提供 hbm.xml 文件，制定映射规则。下面以开发角色类为例进行讲解，如代码清单 1-2 所示。

代码清单 1-2：TRole.hbm.xml

```xml
<?xml version="1.0"?>
<!DOCTYPE hibernate-mapping PUBLIC "-//Hibernate/Hibernate Mapping DTD
3.0//EN"
"http://www.hibernate.org/dtd/hibernate-mapping-3.0.dtd">
<!-- Generated 2015-12-12 22:50:58 by Hibernate Tools 4.3.1 -->
<hibernate-mapping>
    <class name="com.learn.mybatis.chapter1.po.TRole" table="t_role"
catalog="mybatis" optimistic-lock="version">
        <id name="id" type="long">
            <column name="id" />
            <generator class="assigned" />
        </id>
        <property name="roleName" type="string">
            <column name="role_name" length="60" />
        </property>
        <property name="note" type="string">
            <column name="note" length="512" />
```

```
        </property>
    </class>
</hibernate-mapping>
```

这是一个简单的 XML 文件，它描述的是 POJO 和数据库表的映射关系。Hibernate 通过配置文件（或注解）就可以把数据库的数据直接映射到 POJO 上，我们可以通过操作 POJO 去操作数据库记录。对于不擅长 SQL 的程序员来说，这是莫大的惊喜，因为通过 Hibernate 你几乎不需要编写 SQL 就能操作数据库的记录。代码清单 1-3 是 Hibernate 的配置信息。

代码清单 1-3：hibernate.cfg.xml

```xml
<?xml version="1.0" encoding="UTF-8"?>
<!DOCTYPE    hibernate-configuration    PUBLIC    "-//Hibernate/Hibernate
Configuration DTD 3.0//EN" "http://hibernate.sourceforge.net/hibernate-
configuration-3.0.dtd">
<hibernate-configuration>
  <session-factory>
    <property
name="hibernate.dialect">org.hibernate.dialect.MySQLDialect</property>
    <property
name="hibernate.connection.driver_class">com.mysql.jdbc.Driver</property
>
    <property
name="hibernate.connection.url">jdbc:mysql://localhost:3306/mybatis?zero
DateTimeBehavior=convertToNull</property>
    <property name="hibernate.connection.username">root</property>
    <property name="hibernate.connection.password">learn</property>
    <mapping resource="com/learn/mybatis/chapter1/po/TUser.hbm.xml"/>
    <mapping resource="com/learn/mybatis/chapter1/po/TRole.hbm.xml"/>
  </session-factory>
</hibernate-configuration>
```

别看代码很多，但是全局就是这样的一个 XML 文件，作为数据库连接信息，配置信息也相对简易。然后建立 Hibernate 的工厂对象（SessionFactory），用它来做全局对象，产生 Session 接口，就可以操作数据库了，如代码清单 1-4 所示。

代码清单 1-4：HibernateUtil

```java
public class HibernateUtil {
    private static final SessionFactory sessionFactory;
    static {
```

```
    try {
        Configuration    cfg    =    new    Configuration().configure
("hibernate.cfg.xml");
        sessionFactory = cfg.buildSessionFactory();
    } catch (Throwable ex) {
        System.err.println("Initial SessionFactory creation failed." +
ex);
        throw new ExceptionInInitializerError(ex);
    }
}

public static SessionFactory getSessionFactory() {
    return sessionFactory;
}
}
```

上面的操作为的是产生 Hibernate 的 SessionFactroy。它作为全局，可以到处引用，那么剩下来的使用就非常简单了。比如我们可以用它来实现代码清单 1-1 的功能，如代码清单 1-5 所示。

代码清单 1-5：HibernateExample.java

```
public class HibernateExample {
    public static void main(String[] args) {
        Session session = null;
        try {
            session = HibernateUtil.getSessionFactory().openSession();
            TRole role = (TRole)session.get(TRole.class, 1L);
            System.err.println("role_name = >" + role.getRoleName());
        } finally {
            if (session != null) {
                session.close();
            }
        }
    }
}
```

按照代码清单 1-5 的方法来实现代码清单 1-1 的功能有以下好处：

- 消除了代码的映射规则，它全部被分离到了 XML 或者注解里面去配置。
- 无需再管理数据库连接，它也配置在 XML 里面。

- 一个会话中，不要操作多个对象，只要操作 Session 对象即可。
- 关闭资源只需要关闭一个 Session 便可。

这就是 Hibernate 的优势，在配置了映射文件和数据库连接文件后，Hibernate 就可以通过 Session 操作，非常容易，消除了 JDBC 带来的大量代码，大大提高了编程的简易性和可读性。此外，它还提供级联、缓存、映射、一对多等功能，以便我们使用。正因为具有这些优势，Hibernate 成为了时代的主流框架，被大量应用在各种 Java 数据库的访问中。Hibernate 是全表映射，你可以通过 HQL 去操作 POJO 进而操作数据库的数据。

但是 Hibernate 有缺陷吗？当然有，世界上没有完美无缺的方案。作为全表映射框架，举个例子来说，如果我们有张账务表（按年分表），比如 2015 年表命名为 bill2015，到了 2016 年表命名为 bill2016，要动态加映射关系，Hibernate 需要破坏底层封装才能做到。又比如说，一些账务信息往往需要和某些对象关联起来，不同的对象有不同的列，因此列名也是无法确定的，显然我们没有办法配置 XML 去完成映射规则。再者如果使用存储过程，Hibernate 也是无法适应的。这些都不是致命的，最为致命的问题是性能。Hibernate 屏蔽了 SQL，那就意味着只能全表映射，但是一张表可能有几十到上百个字段，而你感兴趣的只有 2 个，这是 Hibernate 无法适应的。尤其是在大型网站系统，对传输数据有严格规定，不能浪费带宽的场景下就更为明显了。有很复杂的场景需要关联多张表，Hibernate 全表逐级取对象的方法也只能作罢，写 SQL 还需要手工的映射取数据，这带来了很大的麻烦。此外，如果我们需要优化 SQL，Hibernate 也是无法做到的。

我们稍微总结一下 Hibernate 的缺点：

- 全表映射带来的不便，比如更新时需要发送所有的字段。
- 无法根据不同的条件组装不同的 SQL。
- 对多表关联和复杂 SQL 查询支持较差，需要自己写 SQL，返回后，需要自己将数据组装为 POJO。
- 不能有效支持存储过程。
- 虽然有 HQL，但是性能较差。大型互联网系统往往需要优化 SQL，而 Hibernate 做不到。

在当今大型互联网中，灵活、SQL 优化，减少数据的传递是最基本的优化方法，显然 Hibernate 无法满足我们的要求。这时 MyBatis 框架诞生了，它提供了更灵活、更方便的方法，弥补了 Hibernate 的这些缺陷。

1.4　MyBatis

为了解决 Hibernate 的不足，一个半自动映射的框架 MyBatis 应运而生。之所以称它为半自动，是因为它需要手工匹配提供 POJO、SQL 和映射关系，而全表映射的 Hibernate 只需要提供 POJO 和映射关系便可。

历史上，MyBatis 的前身是 Apache 的一个开源项目 iBatis，2010 年这个项目由 apache software foundation 迁移到了 google code，并且改名为 MyBatis。2013 年 11 月迁移到 Github，所以目前 MyBatis 是由 Github 维护的。

iBatis 一词来源于"internet"和"abatis"的组合，是一个基于 Java 的持久层框架。iBatis 提供的持久层框架包括 SQL Maps 和 DAO（Data Access Objects）。它能很好地解决 Hibernate 遇到的问题。与 Hibernate 不同的是，它不单单要我们提供映射文件，还需要我们提供 SQL 语句。MyBatis 所需要提供的映射文件包含以下三个部分。

- SQL。
- 映射规则。
- POJO。

在 MyBatis 里面，你需要自己编写 SQL，虽然比 Hibernate 配置得多，但是 MyBatis 可以配置动态 SQL，这就解决了 Hibernate 的表名根据时间变化，不同的条件下列名不一样的问题。同时你也可以优化 SQL，通过配置决定你的 SQL 映射规则，也能支持存储过程，所以对于一些复杂的和需要优化性能 SQL 的查询它更加方便，MyBatis 几乎能做到 JDBC 所能做到的所有事情。MyBatis 具有自动映射功能。换句话说，在注意一些规则的基础上，MyBatis 可以给我们完成自动映射，而无需再写任何的映射规则，这大大提高了开发效率和灵活性。

如图 1-3 所示为 MyBatis 的 ORM 映射模型。

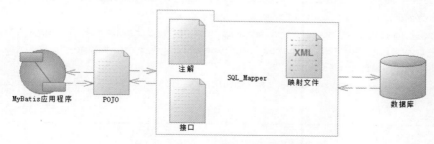

图 1-3　MyBatis 的 ORM 映射模型

让我们看看如何实现 JdbcExample 的功能。首先是数据库及其他的基础配置，如代码清单 1-6 所示。

代码清单 1-6：mybatis_config.xml

```xml
<?xml version="1.0" encoding="UTF-8"?>
<!DOCTYPE configuration PUBLIC "-//mybatis.org//DTD Config 3.0//EN"
"http://mybatis.org/dtd/mybatis-3-config.dtd">
<configuration>
    <environments default="development">
        <environment id="development">
            <transactionManager type="JDBC"/>
            <dataSource type="POOLED">
                <property name="driver" value="com.mysql.jdbc.Driver"/>
                <property name="url" value="jdbc:mysql://localhost:3306/
mybatis"/>
                <property name="username" value="root"/>
                <property name="password" value="learn"/>
            </dataSource>
        </environment>
    </environments>
    <mappers>
        <mapper resource="com\learn\mybatis\chapter1\pojo\role.xml" />
    </mappers>
</configuration>
```

这就是 MyBatis 的基础配置文件。其次是一个映射文件，也十分简单，如代码清单 1-7 所示。

代码清单 1-7：Role.xml

```xml
<?xml version="1.0" encoding="UTF-8" ?>
 <!DOCTYPE mapper PUBLIC "-//mybatis.org//DTD Mapper 3.0//EN"
"http://mybatis.org/dtd/mybatis-3-mapper.dtd">
<mapper namespace="com.learn.mybatis.chapter1.mapper.RoleMapper">
    <select id="getRole" parameterType="long" resultType="com.learn.
mybatis.chapter1.pojo.Role">
        select id, role_name as roleName, note from t_role where id=#{id}
    </select>
</mapper>
```

这里我们给出了 SQL，但是并没有给出映射规则，因为这里我们使用的 SQL 列名和

POJO 的属性名保持一致，这个时候 MyBatis 会自动提供映射规则，所以省去了这部分的配置工作。再者，我们还需要一个接口，注意仅仅是接口，而无需实现类，如代码清单 1-8 所示。

代码清单 1-8：RoleMapper.java

```
public interface RoleMapper {
    public Role getRole(Long id);
}
```

为了使用 MyBatis，我们还需要建立 SqlSessionFactory，如代码清单 1-9 所示。

代码清单 1-9：MyBatisUtil.java

```
public class MyBatisUtil {
    private static SqlSessionFactory sqlSessionFactory = null;
    public static SqlSessionFactory getSqlSessionFactroy() {
        InputStream inputStream = null;
        if (sqlSessionFactory == null) {
            try {
                String resource = "mybatis_config.xml";
                sqlSessionFactory = new SqlSessionFactoryBuilder().build
(Resources.getResourceAsStream(resource));
                return sqlSessionFactory;
            } catch (Exception ex) {
                System.err.println(ex.getMessage());
                ex.printStackTrace();
            }
        }
        return sqlSessionFactory;
    }
}
```

现在我们可以用 MyBatis 来实现代码清单 1-1 的功能了，如代码清单 1-10 所示。

代码清单 1-10：MyBatisExample.java

```
public class MyBatisExample {
    public static void main(String[] args) {
        SqlSession sqlSession = null;
        try {
            sqlSession = MyBatisUtil.getSqlSessionFactroy().openSession();
            RoleMapper roleMapper = sqlSession.getMapper(RoleMapper.class);
```

11

```
        Role role = roleMapper.getRole(1L);
        System.err.println("role_name = >" + role.getRoleName());
    } finally {
        sqlSession.close();
    }
  }
}
```

这样便完成了 MyBatis 的代码编写工作，SQL 和映射规则都在 XML 里面进行了分离，而 MyBatis 更为灵活。你可以自由书写 SQL，定义映射规则。此外，MyBatis 提供接口编程的映射器只需要一个接口和映射文件便可以运行，消除了在 iBatis 时代需要 SqlSession 调度的情况。

1.5　什么时候用 MyBatis

通过对 JDBC、Hibernate 和 MyBatis 的介绍，我们有了一些认识。JDBC 的方式在目前而言极少用到，因为你需要提供太多的代码，操作太多的对象，麻烦不说，还极其容易出错，所以这不是一种推荐的方式，在实际开发中直接用 JDBC 的场景也是很少的。

Hibernate 作为较为流行的 Java ORM 框架，它确实编程简易，需要我们提供映射的规则，完全可以通过 IDE 生成，同时无需编写 SQL 确实开发效率优于 MyBatis。此外，它也提供了缓存、日志、级联等强大的功能，但是 Hibernate 的缺陷也是十分明显的，多表关联复杂 SQL，数据系统权限限制，根据条件变化的 SQL。存储过程等场景使用 Hibernate 十分不便，而性能又难以通过 SQL 优化。所以注定了 Hibenate 只适用于在场景不太复杂，要求性能不太苛刻的时候使用。

如果你需要一个灵活的、可以动态生成映射关系的框架，那么 MyBatis 确实是一个最好的选择。它几乎可以代替 JDBC，拥有动态列、动态表名，存储过程都支持，同时提供了简易的缓存、日志、级联。但是它的缺陷是需要你提供映射规则和 SQL，所以它的开发工作量比 Hibernate 略大一些。

你需要根据项目的实际情况去选择框架。因为 MyBatis 具有高度灵活、可优化、易维护等特点，所以它目前是大型移动互联网项目的首选框架。

下面各章，我们将分别讨论 MyBatis 的应用、原理和实践。

第 2 章

MyBaits 入门

这章的目标很明确，就是带大家入门。我们先准备环境的搭建，然后开始讲述 MyBatis 的基本构成和应用，并且给出一个可以运行的实例。为了让大家加深理解，我们将讲述 MyBatis 的核心类和接口对象的生命周期，在理解其生命周期后，我们将优化实例。这章内容应用多于原理，我们在后面的几章中再讨论其实现的原理、架构和方法。

2.1 开发环境准备

学习编程是一门实践科学，只有一边编写代码一边学习才会有好的效果，所以需要搭建一个可以运行的学习环境，以便我们实践和探索，所以这节主要带领大家来配置开发环境。

2.1.1 下载 MyBatis

输入网址 https://github.com/mybatis/mybatis-3/releases 进入 MyBatis 的官网，我们就可下载 MyBatis，如图 2-1 所示。

我们可以在这里下载到 MyBatis 所需的 jar 包和源码包。讲解 MyBatis 运行原理和插件的时候常常会用到源码的内容。

使用 MyBatis 项目可以参考 http://mybatis.org/mybatis-3/zh/index.html。

使用 MyBatis-Spring 项目可以参考 http://mybatis.org/spring/zh/index.html。

图 2-1　下载 MyBatis

2.1.2　搭建开发环境

无论使用哪一种 Java IDE 都可以轻松搭建开发环境。这里以 Eclipse 为例搭建我们的开发环境。我们打开下载得到的 MyBatis 开发包就可以得到如图 2-2 所示的目录。

图 2-2　MyBatis 下载包目录

这里的 jar 文件分为两类，一类是 MyBatis 本身的 jar 包，另一类在 lib 文件夹里。MyBatis 项目所依赖的 jar 包，而 pdf 文件则是它提供的 API 文档。我们只需要在 Eclipse 中引入 MyBatis 的 jar 包即可，如图 2-3 所示。

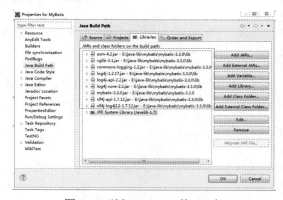

图 2-3　引入 MyBatis 的 jar 包

这样便完成了 MyBatis 的环境搭建，我们便可以在项目中使用 MyBatis 了。

2.2　MyBatis 的基本构成

认识往往是从表面现象到内在本质的一个探索过程，所以对于 MyBatis 的掌握，我们从认识"表面现象"——MyBatis 的基本构成开始。我们先了解一下 MyBatis 的核心组件。

- SqlSessionFactoryBuilder（构造器）：它会根据配置信息或者代码来生成 SqlSessionFactory（工厂接口）。
- SqlSessionFactory：依靠工厂来生成 SqlSession（会话）。
- SqlSession：是一个既可以发送 SQL 去执行并返回结果，也可以获取 Mapper 的接口。
- SQL Mapper：它是 MyBaits 新设计的组件，它是由一个 Java 接口和 XML 文件（或注解）构成的，需要给出对应的 SQL 和映射规则。它负责发送 SQL 去执行，并返回结果。

用一张图表达它们之间的关联，如图 2-4 所示。

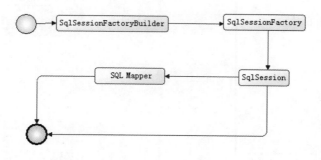

图 2-4　MyBatis 的构成

这里我们不需要马上明白 MyBatis 的组件内容，先了解它们之间的先后顺序、流程和基本功能，后面我们会详细讨论它们的用法。

2.2.1　构建 SqlSessionFactory

每个 MyBatis 的应用都是以 SqlSessionFactory 的实例为中心的。SqlSessionFactory 的实例可以通过 SqlSessionFactoryBuilder 获得。但是读者们需要注意 SqlSessionFactory 是一个

工厂接口而不是现实类，它的任务是创建 SqlSession。SqlSession 类似于一个 JDBC 的 Connection 对象。MyBatis 提供了两种模式去创建 SqlSessionFactory：一种是 XML 配置的方式，这是笔者推荐的方式；另一种是代码的方式。能够使用配置文件的时候，我们要尽量的使用配置文件，这样一方面可以避免硬编码（hard code），一方面方便日后配置人员的修改，避免重复编译代码。

这里我们的 Configuration 的类全限定名为 org.apache.ibatis.session. Configuration，它在 MyBatis 中将以一个 Configuration 类对象的形式存在，而这个对象将存在于整个 MyBatis 应用的生命期中，以便重复读取和运用。在内存中的数据是计算机系统中读取速度最快的，我们可以解析一次配置的 XML 文件保存到 Configuration 类对象中，方便我们从这个对象中读取配置信息，性能高。单例占用空间小，基本不占用存储空间，而且可以反复使用。Configuration 类对象保存着我们配置在 MyBatis 的信息。在 MyBatis 中提供了两个 SqlSessionFactory 的实现类，DefaultSqlSessionFactory 和 SqlSessionManager。不过 SqlSessionManager 目前还没有使用，MyBatis 中目前使用的是 DefaultSqlSessionFactory。

让我们看看它们的关系图，如图 2-5 所示。

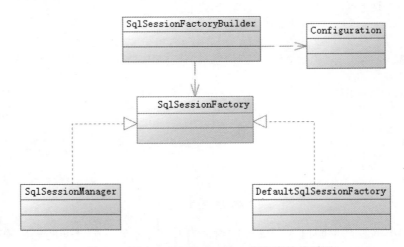

图 2-5　两个 SqlSessionFactory 现实类的关系图

2.2.1.1　使用 XML 方式构建

这里我们配置一个简易的 XML，包含获取数据库连接实例的数据源（DataSource）、决定事务范围和控制方式的事务管理器（TransactionManager）和映射器（SQL Mapper）。XML 配置文件的内容后面会详细探讨，这里先给出一个简单的示例，如代码清单 2-1 所示。

代码清单 2-1：mybatis-config.xml

```xml
<?xml version="1.0" encoding="UTF-8" ?>
<!DOCTYPE configuration
  PUBLIC "-//mybatis.org//DTD Config 3.0//EN"
  "http://mybatis.org/dtd/mybatis-3-config.dtd">
<configuration>
    <!--定义别名-->
    <typeAliases>
        <typeAlias alias="role" type="com.learn.chapter2.po.Role"/>
    </typeAliases>
    <!--定义数据库信息,默认使用 development 数据库构建环境-->
    <environments default="development">
        <environment id="development">
            <!--采用 jdbc 事务管理-->
            <transactionManager type="JDBC"/>
            <!--配置数据库链接信息-->
            <dataSource type="POOLED">
                <property name="driver" value="com.mysql.jdbc.Driver"/>
                <property name="url" value="jdbc:mysql://localhost:3306/mybatis"/>
                <property name="username" value="root"/>
                <property name="password" value="learn"/>
            </dataSource>
        </environment>
    </environments>
    <!--定义映射器-->
    <mappers>
        <mapper resource="com/learn/chapter2/mapper/roleMapper.xml"/>
    </mappers>
</configuration>
```

对上面的配置做一下说明。

- 这里配置了一个别名 role，它代表 com.learn.chapter2.po.Role，这样我们就可以在 MyBatis 上下文中引用它了。

- 我们配置了环境内容，它默认使用 id 是 development 的环境配置，包含以下两方面的内容。

（1）采用 JDBC 的事务管理模式。

（2）数据库的连接信息。

- 配置映射器。

这里引入了一个 XML，它的作用是提供 SQL 和 SQL 对 POJO 的映射规则定义，它包含了映射器里面的信息。MyBatis 将解析这个 XML，来为我们生成映射器。

现在我们用代码实现创建 SqlSessionFactory，如代码清单 2-2 所示。

代码清单 2-2：生成 SqlSessionFactory

```
String resource = "mybatis-config.xml";
    InputStream inputStream = Resources.getResourceAsStream(resource);
    SqlSessionFactory sqlSessionFactory = null;
    sqlSessionFactory = new SqlSessionFactoryBuilder().build (inputStream);
```

这里我们创建了一个 XML 文件输入流，用 SqlSessionFactoryBuilder 读取 XML 的信息来创建 SqlSessionFactory 的对象。

MyBatis 的解析程序会将 mybatis-config.xml 文件配置的信息解析到 Configuration 类对象里面，然后利用 SqlSessionFactoryBuilder 读取这个对象为我们创建 SqlSessionFactory。

2.2.1.2　使用代码方式构建

除了使用 XML 配置的方式创建代码外，也可以使用 Java 编码来实现，不过并不推荐这个方式，因为修改环境的时候，我们不得不重新编译代码，这样不利于维护。

不过在本书我们依旧讨论其实现方法。和上面 XML 方式一样我们也要配置别名、数据库环境和映射器。MyBatis 已经为我们提供好了对象的类和方法，我们只要熟悉它们的使用即可。首先，构建 Configuration 类对象。然后，往对象里面注册我们构建 SqlSessionFactory 所需要的信息便可。

让我们看看代码是如何现实的，如代码清单 2-3 所示。

代码清单 2-3：使用代码生成 SqlSessionFactory

```
//构建数据库连接池
PooledDataSource dataSource = new PooledDataSource();
dataSource.setDriver("com.mysql.jdbc.Driver");
dataSource.setUrl("jdbc:mysql://localhost:3306/mybatis");
dataSource.setUsername("root");
dataSource.setPassword("learn");
//构建数据库事务方式
```

```
TransactionFactory transactionFactory = new JdbcTransactionFactory();
//创建了数据库运行环境
Environment environment = new Environment("development", transactionFactory,
dataSource);
//构建 Configuration 对象
Configuration configuration = new Configuration(environment);
//注册一个 MyBatis 上下文别名
configuration.getTypeAliasRegistry().registerAlias("role", Role.class);
//加入一个映射器
configuration.addMapper(RoleMapper.class);
//使用 SqlSessionFactoryBuilder 构建 SqlSessionFactory
SqlSessionFactory sqlSessionFactory = new SqlSessionFactoryBuilder().build
(configuration);
return sqlSessionFactory;
```

让我们说明一下上面的代码做了什么。

- 初始化了一个数据库连接池。
- 定义了 JDBC 的数据库事务管理方式。
- 用数据库连接池和事务管理方式创建了一个数据库运行环境，并命名为 development。
- 创建了一个 Configuration 类对象，并把数据库运行环境注册给它。
- 注册一个 role 的别名。
- 加入一个映射器。
- 用 SqlSessionFactoryBuilder 通过 Configuration 对象创建 SqlSessionFactory。

显然用代码方式和用 XML 方式只是换个方法实现而已，其本质并无不同。采用代码方式一般是在需要加入自己特性的时候才会用到，例如，数据源配置的信息要求是加密的时候，我们需要把它们转化出来。在大部分的情况下，笔者都不建议你使用这个方式来创建 MyBatis 的 SqlSessionFactory。

2.2.2　创建 SqlSession

SqlSession 是一个接口类，它类似于你们公司前台的美女客服，它扮演着门面的作用，而真正干活的是 Executor 接口，你可以认为它是公司的工程师。假设我是客户找你们公司干活，我只需要告诉前台的美女客服（SqlSession）我要什么信息（参数），要做什么东西，过段时间，她会将结果给我。在这个过程中，作为用户的我所关心的是：

（1）要给美女客服（SqlSession）什么信息（功能和参数）。

（2）美女客服会返回什么结果（Result）。

而我不关心工程师（Executor）是怎么为我工作的，只要前台告诉工程师（Executor），工程师就知道如何为我工作，这个步骤对我而言是个黑箱操作。

在 MyBatis 中 SqlSession 接口的实现类有两个，分别是 DefaultSqlSession 和 SqlSession Manager。这里我们暂时不深入讨论 Executor 接口及其涉及的其他类，只关心 SqlSession 的用法就好。我们构建了 SqlSessionFactory，然后生成 MyBatis 的门面接口 SqlSession。SqlSession 接口类似于一个 JDBC 中的 Connection 接口对象，我们需要保证每次用完正常关闭它，所以正确的做法是把关闭 SqlSession 接口的代码写在 finally 语句中保证每次都会关闭 SqlSession，让连接资源归还给数据库。如果我们不及时关闭资源，数据库的连接资源将很快被耗尽，系统很快因为数据库资源的匮乏而瘫痪。让我们看看实现的伪代码，如代码清单 2-4 所示。

代码清单 2-4：标准 SqlSession 使用方法

```
//定义 SqlSession
    SqlSession sqlSession = null;
    try {
        //打开 SqlSession 会话
        sqlSession = sqlSessionFactory.openSession();
        //some code ....
        sqlSession.commit();
    } catch(Exception ex) {
        System.err.println(ex.getMessage());
        sqlSession.rollback();
    }finally {
        //在 finally 语句中确保资源被顺利关闭
        if (sqlSession != null) {
            sqlSession.close();
        }
    }
```

这样 SqlSession 就被我们创建出来了，在 finally 语句中我们保证了它的合理关闭，让连接资源归还给数据库连接池，以便后续使用。

SqlSession 的用途主要有两种。

（1）获取映射器，让映射器通过命名空间和方法名称找到对应的 SQL，发送给数据库执行后返回结果。

（2）直接通过命名信息去执行 SQL 返回结果，这是 iBatis 版本留下的方式。在 SqlSession 层我们可以通过 update、insert、select、delete 等方法，带上 SQL 的 id 来操作在 XML 中配置好的 SQL，从而完成我们的工作；与此同时它也支持事务，通过 commit、rollback 方法提交或者回滚事务。

关于这两种用途我们会在映射器里面进行讨论，这两种用途的优劣我们也会进行研讨。

2.2.3　映射器

映射器是由 Java 接口和 XML 文件（或注解）共同组成的，它的作用如下。

- 定义参数类型。
- 描述缓存。
- 描述 SQL 语句。
- 定义查询结果和 POJO 的映射关系。

一个映射器的实现方式有两种，一种是通过 XML 文件方式实现，读者应该记得我们在 mybatis-config.xml 文件中已经描述了一个 XML 文件，它是用来生成 Mapper 的。另外一种就是通过代码方式实现，在 Configuration 里面注册 Mapper 接口（当然里面还需要我们写入 Java 注解）。当然它也是 MyBatis 的核心内容，同时也是最为复杂的。这两种方式都可以实现我们的需求，不过笔者强烈建议使用 XML 文件配置方式，理由如下。

- Java 注解是受限的，功能较少，而 MyBatis 的 Mapper 内容相当多，而且相当复杂，功能很强大，使用 XML 文件方式可以带来更为灵活的空间，显示出 MyBatis 功能的强大和灵活。
- 如果你的 SQL 很复杂，条件很多，尤其是存在动态 SQL 的时候，写在 Java 文件里面可读性较差，增加了维护的成本。

所以本书主要介绍 XML 文件方式，而事实上使用注解也是可以完成 SQL 定义的，包括动态 SQL 定义。但是使用 SQL 构造器可读性不佳且工作量巨大、实操性弱，因此本书不介绍这种方式。

2.2.3.1 XML 文件配置方式实现 Mapper

使用 XML 文件配置是 MyBatis 实现 Mapper 的首选方式。它由一个 Java 接口和一个 XML 文件构成。让我们看看它是如何实现的。

第一步，给出 Java 接口，如代码清单 2-5 所示。

代码清单 2-5：RoleMapper.java

```java
package com.learn.chapter2.mapper;
import com.learn.chapter2.po.Role;
public interface RoleMapper {
    public Role getRole(Long id);
}
```

这里我们定义了一个接口，它有一个方法 getRole，通过角色编号找到角色对象。

第二步，给出一个映射 XML 文件，如代码清单 2-6 所示。

代码清单 2-6：RoleMapper.xml

```xml
<?xml version="1.0" encoding="UTF-8" ?>
<!DOCTYPE mapper
  PUBLIC "-//mybatis.org//DTD Mapper 3.0//EN"
  "http://mybatis.org/dtd/mybatis-3-mapper.dtd">
<mapper namespace="com.learn.chapter2.mapper.RoleMapper">
    <select id="getRole" parameterType="long" resultType="role">
        select id, role_name as roleName, note from t_role where id = #{id}
    </select>
</mapper>
```

描述一下上面的 XML 文件做了什么。

- 这个文件是我们在配置文件 mybatis-config.xml 中配置了的，所以 MyBatis 会读取这个配置文件，生成映射器。
- 定义了一个命名空间为 com.learn.chapter2.mapper.RoleMapper 的 SQL Mapper，这个命名空间和我们定义的接口的全限定名是一致的。
- 用一个 select 元素定义了一个查询 SQL，id 为 getRole，和我们接口方法是一致的，而 parameterType 则表示我们传递给这条 SQL 的是一个 java.lang.Long 型参数，而 resultType 则定义我们需要返回的数据类型，这里为 role，而 role 是我们之前注册

com.learn.chapter2.po.Role 的别名。

我们来看看这个 POJO，如代码清单 2-7 所示。

代码清单 2-7：Role.java

```java
package com.learn.chapter2.po;
public class Role {
    private Long id;
    private String roleName;
    private String note;

    public Long getId() {
        return id;
    }

    public void setId(Long id) {
        this.id = id;
    }

    public String getRoleName() {
        return roleName;
    }

    public void setRoleName(String roleName) {
        this.roleName = roleName;
    }

    public String getNote() {
        return note;
    }

    public void setNote(String note) {
        this.note = note;
    }
}
```

这是一个十分简单的 POJO，符合 Java Bean 的规范。下面是 SQL 的代码。

```sql
select id, role_name as roleName, note from t_role where role_no = #{id}
```

#{id}为这条 SQL 的参数。而 SQL 列的别名和 POJO 的属性名称保持一致。那么 MyBatis 就会把这条语句查询的结果自动映射到我们需要的 POJO 属性上，这就是自动映射。我们可以用 SqlSession 来获取这个 Mapper，代码也比较简单，如代码清单 2-8 所示。

代码清单 2-8：用 SqlSession 获取 Mapper

```
//获取映射器 Mapper
RoleMapper roleMapper = sqlSession.getMapper(RoleMapper.class);
Role role = roleMapper.getRole(1L);//执行方法
System.out.println(role.getRoleName());//打印角色名称
```

这样就完成了 MyBatis 的一次查询。

2.2.3.2 Java 注解方式实现 Mapper

Java 注解方式实现映射方法不难，只需要在接口中使用 Java 注解，注入 SQL 即可。我们不妨看看这个接口，如代码清单 2-9 所示。

代码清单 2-9：使用注解生成 Mapper 的接口定义

```
package com.learn.chapter2.mapper;
import org.apache.ibatis.annotations.Select;
import com.learn.chapter2.po.Role;
public interface RoleMapper2 {
    @Select (value="select id, role_name as roleName, note from t_role where
id = #{id}")
    public Role getRole(Long id);
}
```

这里笔者解释一下，我们使用了@Select 注解，注入了和 XML 一样的 select 元素，这样 MyBatis 就会读取这条 SQL，并将参数 id 传递进 SQL。同样使用了别名，这样 MyBatis 会为我们自动映射，得到我们需要的 Role 对象。这里看起来比 XML 简单，但是现实中我们遇到的 SQL 远比例子复杂得多。如果多个表的关联、多个查询条件、级联、条件分支等显然这条 SQL 就会复杂得多，所以笔者并不建议读者使用这种方式。比如代码清单 2-10 所示的这条 SQL。

代码清单 2-10：SQL 例子

```
    select u.id as userid, u.username, u.mobile, u.email, r.id as roleid,
r.role_name from
    t_username u left join t_user_role ur on u.id = ur.user_id
```

```
left join t_role r on ur.role_id = r.id
where 1=1
and  u.username like concat('%', #{username}, '%')
and u.mobile like concat('%', #{mobile}, '%')
and u.email like concat('%', #{email}, '%')
and r.role_name like concat('%', #{roleName}, '%')
```

如果我们只要写这条 SQL 还可以接受，但是如果我们还需要根据上下文判断 where 语句后面的条件语句，那么显然代码会相当的复杂。我们需要判断 username 是否为空，如果为空我们就不以 username 作为条件，这时候 SQL 就不要出现下面的语句。

```
and  u.username like concat('%', #{username}, '%')
```

同样的，如果 mobile、email、role_name 都需要这样判断，都写在 Java 文件的注解里面，会十分复杂，造成可读性下降。

当然如果你的系统很简单，使用注释方式也不失为一个好办法，毕竟简易许多。

我们只需要加入这一段代码即可注册这个接口为映射器，如下所示。

```
configuration. addMapper(RoleMapper2.class);
```

2.2.3.3　一些疑问

在 MyBatis 中保留着 iBatis，通过"命名空间(namespace)+SQL id"的方式发送 SQL 并返回数据的形式，而不需要去获取映射器，以下面的代码为例。

```
Role   role=sqlSession.selectOne   ("com.learn.chapter2.mapper.RoleMapper.
getRole", "role_no_1" -- --> 1L;
```

如果 MyBatis 上下文中只有一个 SQL 的 id 为 getRole，那么我们将代码简写为：

```
Role role = sqlSession.selectOne ("getRole","role_no_1" -- --> 1L;
```

注意，当 SQL 的 id 有两个或两个以上 getRole 的时候，第二种省略的办法就会失败。系统异常就会提示你写出"命名空间+SQL id"的全路径模式才可以。其实它们大同小异，都是发送 SQL 并返回需要的结果，而 MyBatis 一样会根据"com.learn.chapter2.mapper.

RoleMapper.getRole"找到需要执行的接口和方法，进而找到对应的 SQL，传递参数 "role_no_1" -- --> 1L 到 SQL 中，返回数据，完成一次查询。

那么困惑是我们需要 Mapper 吗？答案是肯定的，Mapper 是一个接口，相对而言它可以进一步屏蔽 SqlSession 这个对象，使得它具有更强的业务可读性。因此笔者强烈建议采用映射器方式编写代码，其好处主要有两点。

- sqlSession.selectOne 是功能性代码，长长的字符串比较晦涩难懂，不包含业务逻辑的含义，不符合面向对象的规范，而对于 roleMapper.getRole 这样的才是符合面向对象规范的编程，也更符合业务的逻辑。
- 使用 Mapper 方式，IDE 可以检查 Java 语法，避免不必要的错误。

这是 MyBatis 特有的接口编程模式，而 iBatis 只能通过 SqlSession 用 SQL 的 id 过滤 SQL 去执行。

我们使用的仅仅是 Java 接口和一个 XML 文件（或者注解）去实现 Mapper，Java 接口不是实现类，对于 Java 语言不熟悉的读者肯定会十分疑惑，一个没有实现类的接口怎么能够运行呢？其实它需要运用到 Java 语言的动态代理去实现，而实现 Java 语言的动态代理的方式有多种。这里我们还是集中于它的用法，所以可以这样理解：我们会在 MyBatis 上下文中描述这个接口，而 MyBatis 会为这个接口生成代理类对象，代理对象会根据"接口全路径+方法名"去匹配，找到对应的 XML 文件（或注解）去完成它所需要的任务，返回我们需要的结果。

关于 SqlSession 和 Mapper 是 MyBatis 的核心内容和难点，它内部远远没有我们目前看到的那么简单，只是在入门阶段我们暂时不需要讨论它的实现方式，知道它的作用和用法就可以了。

2.3 生命周期

我们在 2.2 节讨论了 MyBatis 的主要组件和它们的基本用法，而现实中要想写出高效的程序只掌握 Mybatis 的基本用法是远远不够的。我们还要掌握它们的生命周期，这是十分重要的，尤其是在 Web 应用，Socket 连接池等多线程场景中，如果我们不了解 MyBatis 组件的生命周期可能带来很严重的并发问题。这节的任务是正确理解 SqlSessionFactoryBuilder、SqlSessionFactory、SqlSession 和 Mapper 的生命周期，并且重构上面的代码，使 MyBatis

能够高效的工作。这对于 MyBatis 应用的正确性和高性能是极其重要的，我们必须掌握它们。

2.3.1　SqlSessionFactoryBuilder

SqlSessionFactoryBuilder 是利用 XML 或者 Java 编码获得资源来构建 SqlSessionFactory 的，通过它可以构建多个 SessionFactory。它的作用就是一个构建器，一旦我们构建了 SqlSessionFactory，它的作用就已经完结，失去了存在的意义，这时我们就应该毫不犹豫的废弃它，将它回收。所以它的生命周期只存在于方法的局部，它的作用就是生成 SqlSessionFactory 对象。

2.3.2　SqlSessionFactory

SqlSessionFactory 的作用是创建 SqlSession，而 SqlSession 就是一个会话，相当于 JDBC 中的 Connection 对象。每次应用程序需要访问数据库，我们就要通过 SqlSessionFactory 创建 SqlSession，所以 SqlSessionFactory 应该在 MyBatis 应用的整个生命周期中。而如果我们多次创建同一个数据库的 SqlSessionFactory，则每次创建 SqlSessionFactory 会打开更多的数据库连接（Connection）资源，那么连接资源就很快会被耗尽。因此 SqlSessionFactory 的责任是唯一的，它的责任就是创建 SqlSession，所以我们果断采用单例模式。如果我们采用多例，那么它对数据库连接的消耗是很大的，不利于我们统一的管理，这样便嗅到了代码的坏味道。所以正确的做法应该是使得每一个数据库只对应一个 SqlSessionFactory，管理好数据库资源的分配，避免过多的 Connection 被消耗。

2.3.3　SqlSession

SqlSession 是一个会话，相当于 JDBC 的一个 Connection 对象，它的生命周期应该是在请求数据库处理事务的过程中。它是一个线程不安全的对象，在涉及多线程的时候我们需要特别的当心，操作数据库需要注意其隔离级别，数据库锁等高级特性。此外，每次创建的 SqlSession 都必须及时关闭它，它长期存在就会使数据库连接池的活动资源减少，对系统性能的影响很大。正如前面的代码一样，我们往往通过 finally 语句块保证我们正确的关闭 SqlSession。它存活于一个应用的请求和操作，可以执行多条 SQL，保证事务的一致性。

2.3.4　Mapper

Mapper 是一个接口，而没有任何实现类，它的作用是发送 SQL，然后返回我们需要的结果，或者执行 SQL 从而修改数据库的数据，因此它应该在一个 SqlSession 事务方法之内，是一个方法级别的东西。它就如同 JDBC 中的一条 SQL 语句的执行，它最大的范围和 SqlSession 是相同的。尽管我们想一直保存着 Mapper，但是你会发现它很难控制，所以尽量在一个 SqlSession 事务的方法中使用它们，然后废弃掉。

有了上面的叙述，我们已经清楚了 MyBatis 组件的生命周期，如图 2-6 所示。

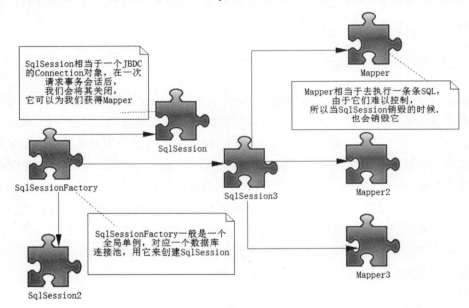

图 2-6　MyBatis 组件的生命周期

到这里我们比较完整地描述了 MyBatis 框架和它所涉及的组件及其生命周期，接下来我们来构建一个简单的实例，以加深对 MyBatis 基础框架的理解。

2.4　实例

这里做一个实例，它可以使我们熟悉 MyBatis 主要组件的用法。我们需要满足 MyBatis 各个组件的生命周期。首先需要生成 SqlSessionFacotry 单例，然后让它生成 SqlSession，进而拿到映射器中来完成我们的业务逻辑。

确定文件所需要放置的路径，以便在上下文中读取配置文件，如图 2-7 所示。

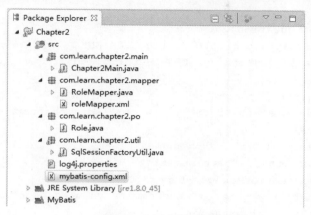

图 2-7　实例文件路径

各个实例文件的作用，如表 2-1 所示。

表 2-1　实例文件的作用

文　件	作　用
log4j.properties	配置 log4j 的属性文件
Chapter2Main.java	运行 MyBatis 入门程序的入口，包含 main 方法
RoleMapper.java	映射器
RoleMapper.xml	映射器配置文件
Role.java	POJO 类，符合 javaBean 的规范
SqlSessionFactoryUtil.java	构建 SqlSessionFactory，并创建 SqlSession
mybatis-config.xml	MyBatis 的配置文件

首先，提供 log4j 的配置文件，如代码清单 2-11 所示。它为我们打出 MyBatis 的运行轨迹，给我们调试 MyBatis 应用带来了极大的帮助。

代码清单 2-11：log4j.properties

```
log4j.rootLogger=DEBUG , stdout
log4j.logger.org.mybatis=DEBUG
log4j.appender.stdout=org.apache.log4j.ConsoleAppender
log4j.appender.stdout.layout=org.apache.log4j.PatternLayout
log4j.appender.stdout.layout.ConversionPattern=%5p %d %C: %m%n
```

其次，构建 SessionFactory，我们需要配置文件，如代码清单 2-12 所示。

代码清单 2-12：mybatis-config.xml

```xml
<?xml version="1.0" encoding="UTF-8"?>
<!DOCTYPE configuration
  PUBLIC "-//mybatis.org//DTD Config 3.0//EN"
  "http://mybatis.org/dtd/mybatis-3-config.dtd">
<configuration>
    <typeAliases>
        <typeAlias alias="role" type="com.learn.chapter2.po.Role"/>
    </typeAliases>
    <environments default="development">
        <environment id="development">
            <transactionManager type="JDBC">
                <property name="autoCommit" value="false"/>
            </transactionManager>
            <dataSource type="POOLED">
                <property name="driver" value="com.mysql.jdbc.Driver"/>
                <property name="url" value="jdbc:mysql://localhost:3306/mybatis"/>
                <property name="username" value="root"/>
                <property name="password" value="learn"/>
            </dataSource>
        </environment>
    </environments>
    <mappers>
        <mapper resource="com\learn\chapter2\mapper\roleMapper.xml"/>
    </mappers>
</configuration>
```

最后，构建 SqlSessionFactory，并且给出创建 SqlSession 的方法，这里我们利用配置文件 mybatis-config.xml 完成 SqlSessionFactory 的构建。这里和上面有些变化，我们不妨先看看代码如何现实，如代码清单 2-13 所示。

代码清单 2-13：SqlSessionFactoryUtil.java

```java
package com.learn.chapter2.util;

import java.io.IOException;
import java.io.InputStream;
import java.util.logging.Level;
import java.util.logging.Logger;
```

```java
import org.apache.ibatis.io.Resources;
import org.apache.ibatis.session.SqlSession;
import org.apache.ibatis.session.SqlSessionFactory;
import org.apache.ibatis.session.SqlSessionFactoryBuilder;
public class SqlSessionFactoryUtil {
    //SqlSessionFactory 对象
    private static SqlSessionFactory sqlSessionFactory = null;
    //类线程锁
    private static final Class CLASS_LOCK = SqlSessionFactoryUtil.class;
    /**
     * 私有化构造参数
     */
    private SqlSessionFactoryUtil() {}
    /**
     * 构建 SqlSessionFactory
     */
    public static SqlSessionFactory initSqlSessionFactory() {
        String resource = "mybatis-config.xml";
        InputStream inputStream = null;
        try {
            inputStream = Resources.getResourceAsStream(resource);
        } catch (IOException ex) {

Logger.getLogger(SqlSessionFactoryUtil.class.getName()).log(Level.SEVERE,
null, ex);
        }
        synchronized(CLASS_LOCK) {
            if (sqlSessionFactory == null) {
                sqlSessionFactory=new        SqlSessionFactoryBuilder().build
(input Stream);
            }
        }
        return sqlSessionFactory;
    }
    /**
     * 打开 SqlSession
     */
    public static SqlSession openSqlSession() {
        if (sqlSessionFactory == null) {
            initSqlSessionFactory();
        }
```

```
            return sqlSessionFactory.openSession();
        }
    }
```

解释一下代码的含义，正如生命周期描述的一样，我们希望 SqlSessionFactory 对于一个数据库而言只有一个实例，于是我们希望它是单例。现在我们学习一下代码如何实现单例模式。

构建 SessionFactory 单例是通过方法 initSqlSessionFactory 实现的。首先，将构造方法设置为私有（private），其目的是避免使用者使用 new 的方式去创建多个对象。然后，我们使用 synchronized 对 SqlSessionFactoryUtil 类加锁，其目的是避免在多线程环境（MyBatis 多用于多线程环境，比如 Web 服务器，Socket 请求等）中，多次初始化造成对象的不唯一。

某一个对象在应用中承担唯一责任的时候使用单例模式，而本例中 SqlSessionFactory 的唯一责任就是为我们创建 SqlSession，所以采用单例模式。单例模式的好处在于可以重复使用这个唯一对象，而对象在内存中读取和运行速度都比较快，同时节约内存。我们的办法往往是把构造方法私有化，并给一个静态（static）方法，让其返回唯一单例，而在多线程环境初始化单例，往往需要加线程锁以避免类对象被多次初始化，正如本例一样。

我们还实现了 openSqlSession 方法，利用构建好的 SqlSessionFactory 创建 SqlSession，为将来所用奠定基础。

这里我们要给一个 POJO 类——Role.java，如代码清单 2-14 所示，它就是一个很普通的 JavaBean。

代码清单 2-14：Role.java

```java
package com.learn.chapter2.po;
public class Role {
    private Long id;
    private String roleName;
    private String note;
    public Long getId() {
        return id;
    }
    public void setId(Long id) {
        this.id = id;
    }
    public String getRoleName() {
```

```
        return roleName;
    }
    public void setRoleName(String roleName) {
        this.roleName = roleName;
    }
    public String getNote() {
        return note;
    }
    public void setNote(String note) {
        this.note = note;
    }
}
```

我们还需要一个映射器的描述，让我们编写 XML 映射文件，如代码清单 2-15 所示。

代码清单 2-15：RoleMapper.xml

```xml
<?xml version="1.0" encoding="UTF-8" ?>
<!DOCTYPE mapper
  PUBLIC "-//mybatis.org//DTD Mapper 3.0//EN"
  "http://mybatis.org/dtd/mybatis-3-mapper.dtd">
<mapper namespace="com.learn.chapter2.mapper.RoleMapper">
    <select id="getRole" parameterType="long" resultType="role">
        select id, role_name as roleName, note from t_role where id = #{id}
    </select>
    <insert id="insertRole" parameterType="role">
        insert into t_role(role_name, note) values (#{roleName}, #{note})
    </insert>
    <delete id="deleteRole" parameterType="long">
        delete from t_role where id = #{id}
    </delete>
</mapper>
```

这里我们定义了 3 条 SQL，它们的作用有 3 个。

- 查询一个角色对象。
- 插入角色。
- 删除角色表的数据。

这时候需要定义一个接口，注意接口的方法要和 XML 映射文件的 id 保持一致，于是得出下面的接口，如代码清单 2-16 所示。

代码清单 2-16：RoleMapper.java

```
package com.learn.chapter2.mapper;
import com.learn.chapter2.po.Role;
public interface RoleMapper {
    public Role getRole(Long id);
    public int deleteRole(Long id);
    public int insertRole(Role role);
}
```

为此我们已经构建好 SqlSessionFactory，同时也提供了创建 SqlSession 的方法和映射器，完成了对应的 3 个方法。现在我们可以利用这些东西完成下面两个任务了。

（1）插入一个角色（Role）对象。

（2）删除一个编号为 1L 的角色对象。

这里我们使用 Chapter2Main.java 类完成我们需要完成的任务，如代码清单 2-17 所示。

代码清单 2-17：Chapter2Main.java

```
package com.learn.chapter2.main;

import java.io.IOException;
import java.io.InputStream;

import org.apache.ibatis.datasource.pooled.PooledDataSource;
import org.apache.ibatis.io.Resources;
import org.apache.ibatis.mapping.Environment;
import org.apache.ibatis.session.Configuration;
import org.apache.ibatis.session.SqlSession;
import org.apache.ibatis.session.SqlSessionFactory;
import org.apache.ibatis.session.SqlSessionFactoryBuilder;
import org.apache.ibatis.transaction.TransactionFactory;
import org.apache.ibatis.transaction.jdbc.JdbcTransactionFactory;

import com.learn.chapter2.mapper.RoleMapper;
import com.learn.chapter2.po.Role;
import com.learn.chapter2.util.SqlSessionFactoryUtil;

public class Chapter2Main {

    public static void main(String[] args) throws IOException {
```

```
SqlSession sqlSession = null;
try {
    sqlSession = SqlSessionFactoryUtil.openSqlSession();
    RoleMapper roleMapper = sqlSession.getMapper(RoleMapper.class);
    Role role = new Role();
    role.setRoleName("testName");
    role.setNote("testNote");
    roleMapper.insertRole(role);
    roleMapper.deleteRole(1L);
    sqlSession.commit();
} catch(Exception ex) {
    System.err.println(ex.getMessage());
    sqlSession.rollback();
} finally {
    if (sqlSession != null) {
        sqlSession.close();
    }
}
```

至此我们的代码完成了，让我们用 Java Application 的形式运行一下 Chapter2Main.java。我们可以看到如下结果。

```
......
DEBUG    2016-02-01    14:48:10,528    org.apache.ibatis.transaction.jdbc.
JdbcTransaction:Setting autocommit to false on JDBC Connection[com.
mysql.jdbc.JDBC4Connection@7e0b0338]
DEBUG 2016-02-01 14:48:10,531 org.apache.ibatis.logging.jdbc. BaseJdbcLogger:
==> Preparing: insert into t_role(role_name, note) values (?, ?)
DEBUG    2016-02-01    14:48:10,563    org.apache.ibatis.logging.jdbc.Base
JdbcLogger: ==> Parameters: testName(String), testNote(String)
DEBUG    2016-02-01    14:48:10,564    org.apache.ibatis.logging.jdbc.Base
JdbcLogger:<==Updates:1
DEBUG    2016-02-01    14:48:10,564    org.apache.ibatis.logging.jdbc.    Base
JdbcLogger: ==> Preparing: delete from t_role where id = ?
DEBUG    2016-02-01    14:48:10,565    org.apache.ibatis.logging.jdbc.    Base
JdbcLogger:==> Parameters: 1(Long)
DEBUG 2016-02-01  14:48:10,566  org.apache.ibatis.logging.jdbc.BaseJdbc
```

```
Logger:<==Updates:1
DEBUG    2016-02-01    14:48:10,566    org.apache.ibatis.transaction.jdbc.
JdbcTransaction: Committing JDBC Connection [com.mysql.jdbc.JDBC4Connec
tion@7e0b0338]
......
```

这样 Log4j 为我们打印出了 MyBatis 的运行轨迹，最为重要的是它为我们打印出了运行的 SQL 和参数。在调试中这些信息是十分重要的，如果发生异常我们将可以找到问题的所在，也能找到插入和删除角色的过程，运行完全成功。

第 **3** 章

配置

第 2 章我们只是粗浅地讨论了 MyBatis 的组成和它们大致的用法，这章的任务是详细讨论 MyBatis 的配置。MyBatis 的配置文件对整个 MyBatis 体系产生深远的影响，所以我们需要认真学习它。先来看一下 MyBatis 配置 XML 文件的层次结构。注意，这些层次是不能够颠倒顺序的，如果颠倒顺序，MyBatis 在解析 XML 文件的时候就会出现异常。先来了解一下 MyBatis 配置 XML 文件的层次结构，如代码清单 3-1 所示。

代码清单 3-1：MyBatis 配置 XML 文件的层次结构

```xml
<?xml version="1.0" encoding="UTF-8"?>
<configuration> <!--配置 -->
    <properties/> <!--属性-->
    <settings/> <!--设置-->
    <typeAliases/> <!--类型命名-->
    <typeHandlers/> <!--类型处理器-->
    <objectFactory/> <!--对象工厂-->
    <plugins/> <!--插件-->
    <environments> <!--配置环境 -->
        <environment> <!--环境变量 -->
            <transactionManager/> <!--事务管理器-->
            <dataSource/> <!--数据源-->
        </environment>
    </environments>
    <databaseIdProvider/> <!--数据库厂商标识-->
    <mappers/> <!--映射器-->
</configuration>
```

这就是全部 MyBatis 的配置元素，看起来还是比较简单的。

我们需要了解它们具体的配置方法和使用方法，才能知道 MyBatis 有什么用，它们的功能是什么。本章主要讨论它们的用法，后面谈论 MyBatis 运行原理的时候我们将会看到它们在整个运行过程中是怎么调度的。这章中不讨论 plugin 元素的用法，在没有理解 MyBatis 的运行原理之前，是没有办法很清晰地理解插件的，而使用插件是一件十分危险的事情，你必须慎重使用它。关于插件的内容让我们放到第 6 章和第 7 章去讨论。

3.1　properties 元素

properties 是一个配置属性的元素，让我们能在配置文件的上下文中使用它。

MyBatis 提供 3 种配置方式。

- property 子元素。
- properties 配置文件。
- 程序参数传递。

3.1.1　property 子元素

property 子元素的配置方法如代码清单 3-2 所示。

代码清单 3-2：property 子元素配置

```
<properties>
  <property name="driver" value="com.mysql.jdbc.Driver"/>
<property name="url" value="jdbc:mysql://localhost:3306/mybatis"/>
  <property name="username" value="root"/>
  <property name="password" value="learn"/>
</properties>
```

这样我们就可以在上下文中使用已经配置好的属性值了。我们配置数据库时就可以按照代码清单 3-3 进行配置。

代码清单 3-3：配置参数在配置文件中的使用

```
<dataSource type="POOLED">
  <property name="driver" value="${driver}"/>
  <property name="url" value="${url}"/>
  <property name="username" value="${username}"/>
```

```
<property name="password" value="${password}"/>
</dataSource>
```

3.1.2　properties 配置文件

更多时候，我们希望使用 properties 配置文件来配置属性值，以方便我们在多个配置文件中重复使用它们，也方便日后维护和随时修改，这些在 MyBatis 中是很容易做到的，我们先来看一下 properties 文件，如代码清单 3-4 所示。

代码清单 3-4：properties 文件的使用

```
#数据库配置文件
driver=com.mysql.jdbc.Driver
url=jdbc:mysql://localhost:3306/mybatis
username=root
password=learn
```

我们把这个 properties 文件放在源包下，只要这样引入这个配置文件即可。

```
<properties resource="jdbc.properties"/>
```

3.1.3　程序参数传递

在实际工作中，我们常常遇到这样的问题：系统是由运维人员去配置的，生产数据库的用户密码对于开发者而言是保密的，而且为了安全，运维人员要求对配置文件中的数据库用户和密码进行加密，这样我们的配置文件中往往配置的是加密过后的数据库信息，而无法通过加密的字符串去连接数据库，这个时候可以通过编码的形式来满足我们遇到的场景。

下面假设 jdbc.properties 文件中的 username 和 password 两个属性使用了加密的字符串，这个时候我们需要在生成 SqlSessionFactory 之前将它转化为明文，而系统已经提供了解密的方法 decode(str)，让我们来看看如何使用代码的方式来完成 SqlSessionFactory 的创建，如代码清单 3-5 所示。

代码清单 3-5：程序传递参数构建 SqlSessionFactory

```
InputStream cfgStream = null;
```

```
        Reader cfgReader = null;
        InputStream proStream = null;
        Reader proReader = null;
        Properties properties = null;
        try {
            //读入配置文件流
            cfgStream = Resources.getResourceAsStream("mybatis-config.
xml");
            cfgReader = new InputStreamReader(cfgStream);
            //读入属性文件
            proStream = Resources.getResourceAsStream("jdbc.properties");
            proReader = new InputStreamReader(proStream);
            properties = new Properties();
            properties.load(proReader);
            //解密为明文
            properties.setProperty("username",
decode(properties.getProperty("username")));
            properties.setProperty("password",
decode(properties.getProperty("password")));
        } catch (IOException ex) {

Logger.getLogger(SqlSessionFactoryUtil.class.getName()).log(Level.SEVERE,
null, ex);
        }
        synchronized(CLASS_LOCK) {
            if (sqlSessionFactory == null) {
                //使用属性来创建 SqlSessionFactory
                sqlSessionFactory = new
SqlSessionFactoryBuilder().build(cfgReader, properties);
            }
        }
```

这样我们完全可以在 jdbc.properties 配置密文，满足对系统安全的要求。

3.1.4　优先级

MyBatis 支持的 3 种配置方式可能同时出现，并且属性还会重复配置。这 3 种方式是存在优先级的，MyBatis 将按照下面的顺序来加载。

1. 在 properties 元素体内指定的属性首先被读取。

2. 根据 properties 元素中的 resource 属性读取类路径下属性文件，或者根据 url 属性指定的路径读取属性文件，并覆盖已读取的同名属性。

3. 读取作为方法参数传递的属性，并覆盖已读取的同名属性。

因此，通过方法参数传递的属性具有最高优先级，resource/url 属性中指定的配置文件次之，最低优先级的是 properties 属性中指定的属性。因此，实际操作中我们需要注意以下 3 点。

1. 不要使用混合的方式，这样会使得管理混乱。

2. 首选的方式是使用 properties 文件。

3. 如果我们需要对其进行加密或者其他加工以满足特殊的要求，不妨按示例的方法处理。这样做的好处是使得配置都来自于同一个配置文件，就不容易产生没有必要的歧义，也为日后统一管理提供了方便。

3.2　设置

设置（settings）在 MyBatis 中是最复杂的配置，同时也是最为重要的配置内容之一，它会改变 MyBatis 运行时的行为。即使不配置 settings，MyBatis 也可以正常的工作，不过了解 settings 的配置内容，以及它们的作用仍然十分必要。

Settings 的配置内容如表 3-1 所示，它描述了设置中各项的意义、有效值和默认值等内容。

表 3-1　settings 的配置内容

设置参数	描　　述	有 效 值	默 认 值
cacheEnabled	该配置影响所有映射器中配置的缓存全局开关	true、false	true
lazyLoadingEnabled	延迟加载的全局开关。当它开启时，所有关联对象都会延迟加载。特定关联关系中可通过设置 fetchType 属性来覆盖该项的开关状态	true、false	false
aggressiveLazyLoading	当启用时，对任意延迟属性的调用会使带有延迟加载属性的对象完整加载；反之，每种属性将会按需加载	true、false	true
multipleResultSetsEnabled	是否允许单一语句返回多结果集（需要兼容驱动）	true、false	true

设置参数	描　述	有 效 值	默 认 值
useColumnLabel	使用列标签代替列名。不同的驱动在这方面会有不同的表现，具体可参考相关驱动文档或通过测试这两种不同的模式来观察所用驱动的结果	true、false	true
useGeneratedKeys	允许 JDBC 支持自动生成主键，需要驱动兼容。如果设置为 true，则这个设置强制使用自动生成主键，尽管一些驱动不能兼容但仍可正常工作（比如 Derby）	true、false	false
autoMappingBehavior	指定 MyBatis 应如何自动映射列到字段或属性。NONE 表示取消自动映射；PARTIAL 只会自动映射没有定义嵌套结果集映射的结果集；FULL 会自动映射任意复杂的结果集（无论是否嵌套）	NONE 、 PARTIAL、FULL	PARTIAL
defaultExecutorType	配置默认的执行器。SIMPLE 是普通的执行器；REUSE 执行器会重用预处理语句（prepared statements）；BATCH 执行器将重用语句并执行批量更新	SIMPLE 、 REUSE、BATCH	SIMPLE
defaultStatementTimeout	设置超时时间，它决定驱动等待数据库响应的秒数。当没有设置的时候它取的就是驱动默认的时间	Any positive integer	Not set (null)
safeRowBoundsEnabled	允许在嵌套语句中使用分页（RowBounds）	true、false	False
mapUnderscoreToCamelCase	是否开启自动驼峰命名规则（camel case）映射，即从经典数据库列名 A_COLUMN 到经典 Java 属性名 aColumn 的类似映射	true、false	false
localCacheScope	MyBatis 利用本地缓存机制（Local Cache）防止循环引用（circular references）和加速重复嵌套查询。默认值为 SESSION，这种情况下会缓存一个会话中执行的所有查询。若设置值为 STATEMENT，本地会话仅用在语句执行上，对相同 SqlSession 的不同调用将不会共享数据	SESSION、STATEMENT	SESSION
jdbcTypeForNull	当没有为参数提供特定的 JDBC 类型时，为空值指定 JDBC 类型。某些驱动需要指定列的 JDBC 类型，多数情况直接用一般类型即可，比如 NULL、VARCHAR、OTHER	JdbcType 枚举，最常见的是 NULL、VARCHAR 和 OTHER	OTHER

设置参数	描　　述	有效值	默认值
lazyLoadTriggerMethods	指定对象的方法触发一次延迟加载	如果是一个方法列表，我们则用逗号将它们隔开	equals,clone,hashCode,toString
defaultScriptingLanguage	指定动态 SQL 生成的默认语言	你可以配置类的别名或者类的全限定名	org.apache.ibatis.scripting.xmltags.XMLDynamicLanguageDriver
callSettersOnNulls	指定当结果集中值为 null 的时候是否调用映射对象的 setter（map 对象时为 put）方法，这对于有 Map.keySet()依赖或 null 值初始化的时候是有用的。注意基本类型（int、boolean 等）是不能设置成 null 的	true、false	false
logPrefix	指定 MyBatis 增加到日志名称的前缀	任何字符串	没有设置
logImpl	指定 MyBatis 所用日志的具体实现，未指定时将自动查找	SLF4J、LOG4J、LOG4J2、JDK_LOGGING、COMMONS_LOGGING、STDOUT_LOGGING、NO_LOGGING	没有设置
proxyFactory	指定 MyBatis 创建具有延迟加载能力的对象所用到的代理工具	CGLIB、JAVASSIST	版本 3.3.0（含）以上 JAVASSIST，否则 CGLIB

配置不需要修改太多，一般来说我们只要修改少量的配置就可以了，未来我们还会接触它，这里有点印象就可以了，我们后面会再详细讨论一些常用的功能。

我们来看一个完整的配置是怎么样的，如代码清单 3-6 所示。

代码清单 3-6：一个完整的配置

```
<settings>
<setting name="cacheEnabled" value="true"/>
<setting name="lazyLoadingEnabled" value="true"/>
<setting name="multipleResultSetsEnabled" value="true"/>
<setting name="useColumnLabel" value="true"/>
<setting name="useGeneratedKeys" value="false"/>
<setting name="autoMappingBehavior" value="PARTIAL"/>
<setting name="defaultExecutorType" value="SIMPLE"/>
<setting name="defaultStatementTimeout" value="25"/>
```

```
<setting name="safeRowBoundsEnabled" value="false"/>
<setting name="mapUnderscoreToCamelCase" value="false"/>
<setting name="localCacheScope" value="SESSION"/>
<setting name="jdbcTypeForNull" value="OTHER"/>
<setting                            name="lazyLoadTriggerMethods"
value="equals,clone,hashCode,toString"/>
</settings>
```

在大部分时候我们都不需要去配置它，或者只需要配置少数几项即可。

3.3 别名

别名（typeAliases）是一个指代的名称。因为我们遇到的类全限定名过长，所以我们希望用一个简短的名称去指代它，而这个名称可以在 MyBatis 上下文中使用。别名在 MyBatis 里面分为系统定义别名和自定义别名两类。注意，在 MyBatis 中别名是不分大小写的。一个 typeAliases 的实例是在解析配置文件时生成的，然后长期保存在 Configuration 对象中，当我们使用它时，再把它拿出来，这样就没有必要运行的时候再次生成它的实例了。

3.3.1 系统定义别名

MyBatis 系统定义了一些经常使用的类型的别名，例如，数值、字符串、日期和集合等，我们可以在 MyBatis 中直接使用它们，在使用时不要重复定义把它们给覆盖了。

让我们看看 MyBatis 已经定义好的别名（支持数组类型的只要加 "[]" 即可使用，比如 Date 数组别名可以用 date[]代替），如表 3-2 所示，MyBatis 已经在系统定义了 type Aliases。

表 3-2 系统定义的 typeAliases

别　　名	映射的类型	支持数组
_byte	byte	是
_long	long	是
_short	short	是
_int	int	是
_integer	int	是
_double	double	是
_float	float	是
_boolean	boolean	是
string	String	否

续表

别　　名	映射的类型	支持数组
byte	Byte	是
long	Long	是
short	Short	是
int	Integer	是
integer	Integer	是
double	Double	是
float	Float	是
boolean	Boolean	是
date	Date	是
decimal	BigDecimal	是
bigdecimal	BigDecimal	是
object	Object	是
map	Map	否
hashmap	HashMap	否
list	List	否
arraylist	ArrayList	否
collection	Collection	否
iterator	Iterator	否
ResultSet	ResultSet	否

我们通过 MyBatis 的源码 org.apache.ibatis.type.TypeAliasRegistry 可以看出其自定义注册的信息，如代码清单 3-7 所示。

代码清单 3-7：MyBatis 注册 TypeAlias

```
public TypeAliasRegistry() {
    registerAlias("string", String.class);

    registerAlias("byte", Byte.class);
    registerAlias("long", Long.class);
    registerAlias("short", Short.class);
    registerAlias("int", Integer.class);
    registerAlias("integer", Integer.class);
    registerAlias("double", Double.class);
    registerAlias("float", Float.class);
    registerAlias("boolean", Boolean.class);
```

```
registerAlias("byte[]", Byte[].class);
registerAlias("long[]", Long[].class);
registerAlias("short[]", Short[].class);
registerAlias("int[]", Integer[].class);
registerAlias("integer[]", Integer[].class);
registerAlias("double[]", Double[].class);
registerAlias("float[]", Float[].class);
registerAlias("boolean[]", Boolean[].class);

registerAlias("_byte", byte.class);
registerAlias("_long", long.class);
registerAlias("_short", short.class);
registerAlias("_int", int.class);
registerAlias("_integer", int.class);
registerAlias("_double", double.class);
registerAlias("_float", float.class);
registerAlias("_boolean", boolean.class);

registerAlias("_byte[]", byte[].class);
registerAlias("_long[]", long[].class);
registerAlias("_short[]", short[].class);
registerAlias("_int[]", int[].class);
registerAlias("_integer[]", int[].class);
registerAlias("_double[]", double[].class);
registerAlias("_float[]", float[].class);
registerAlias("_boolean[]", boolean[].class);

registerAlias("date", Date.class);
registerAlias("decimal", BigDecimal.class);
registerAlias("bigdecimal", BigDecimal.class);
registerAlias("biginteger", BigInteger.class);
registerAlias("object", Object.class);

registerAlias("date[]", Date[].class);
registerAlias("decimal[]", BigDecimal[].class);
registerAlias("bigdecimal[]", BigDecimal[].class);
registerAlias("biginteger[]", BigInteger[].class);
registerAlias("object[]", Object[].class);

registerAlias("map", Map.class);
registerAlias("hashmap", HashMap.class);
```

```
registerAlias("list", List.class);
registerAlias("arraylist", ArrayList.class);
registerAlias("collection", Collection.class);
registerAlias("iterator", Iterator.class);

registerAlias("ResultSet", ResultSet.class);
}
```

这些就是 MyBatis 系统定义的别名，我们无需重复注册它们。

3.3.2　自定义别名

系统所定义的别名往往是不够用的，因为不同的应用有着不同的需要，所以 MyBatis 允许自定义别名。正如第 2 章的例子，我们可以用 typeAliases 配置别名，也可以用代码方式注册别名，如代码清单 3-8 所示。

代码清单 3-8：自定义别名

```
<!--定义别名-->
<typeAliases>
    <typeAlias alias="role" type="com.learn.chapter2.po.Role"/>
</typeAliases>
```

这样我们就可以在 MyBatis 的上下文中使用"role"来代替其全路径，减少配置的复杂度。

如果 POJO 过多的时候，配置也是非常多的。比如我们可能面对的不单单是角色（role），还有用户（user）、单位（company）和部门（department）等信息，大的系统信息量巨大，所以这样的配置会大大的增加工作量。MyBatis 也考虑到了这样的场景，因此允许我们通过自动扫描的形式自定义别名，如代码清单 3-9 所示。

代码清单 3-9：通过自动扫描包自定义别名

```
<!--自定义别名-->
<typeAliases>
<package name="com.learn.chapter2.po"/>
<package name="com.learn.chapter3.po"/>
</typeAliases>
```

我们需要自己定义别名，它是使用注解@Alias，这里我们定义角色类的别名为 role，实现的伪代码，如代码清单 3-10 所示。

代码清单 3-10：使用注解定义别名

```
@Alias("role")
public class Role {
//some code
}
```

当配合上面的配置，MyBatis 就会自动扫描包，将扫描到的类装载到上下文中，以便将来使用。这样就算是多个 POJO 也可以通过包扫描的方式装载到 MyBatis 的上下文中。

当然配置了包扫描的路径，而没有注解@Alias 的 MyBatis 也会装载，只是说它将把你的类名的第一个字母变为小写，作为 MyBatis 的别名，要特别注意避免出现重名的场景，建议使用部分包名加类名的限定。

3.4 typeHandler 类型处理器

MyBatis 在预处理语句（PreparedStatement）中设置一个参数时，或者从结果集（ResultSet）中取出一个值时，都会用注册了的 typeHandler 进行处理。

由于数据库可能来自于不同的厂商，不同的厂商设置的参数可能有所不同，同时数据库也可以自定义数据类型，typeHandler 允许根据项目的需要自定义设置 Java 传递到数据库的参数中，或者从数据库读出数据，我们也需要进行特殊的处理，这些都可以在自定义的 typeHandler 中处理，尤其是在使用枚举的时候我们常常需要使用 typeHandler 进行转换。

typeHandler 和别名一样，分为 MyBatis 系统定义和用户自定义两种。一般来说，使用 MyBatis 系统定义就可以实现大部分的功能，如果使用用户自定义的 typeHandler，我们在处理的时候务必小心谨慎，以避免出现不必要的错误。

typeHandler 常用的配置为 Java 类型（javaType）、JDBC 类型(jdbcType)。typeHandler 的作用就是将参数从 javaType 转化为 jdbcType，或者从数据库取出结果时把 jdbcType 转化为 javaType。

3.4.1　系统定义的 typeHandler

MyBatis 系统内部定义了一系列的 typeHandler，如代码清单 3-11 所示。我们可以在源码查看它们，让我们看看 org.apache.ibatis.type.TypeHandlerRegistry。

代码清单 3-11：MyBatis 系统定义的 typeHandler

```
public TypeHandlerRegistry() {
    register(Boolean.class, new BooleanTypeHandler());
    register(boolean.class, new BooleanTypeHandler());
    register(JdbcType.BOOLEAN, new BooleanTypeHandler());
    register(JdbcType.BIT, new BooleanTypeHandler());
    ......
    // issue #273
    register(Character.class, new CharacterTypeHandler());
    register(char.class, new CharacterTypeHandler());
}
```

这便是系统为我们注册的 typeHandler。目前 MyBatis 为我们注册了多个 typeHander，让我们看看表 3-3，从而了解 typeHandler 对应的 Java 类型和 JDBC 类型。

表 3-3　系统注册的 typeHandler 简介

类型处理器	Java 类型	JDBC 类型
BooleanTypeHandler	java.lang.Boolean, boolean	数据库兼容的 BOOLEAN
ByteTypeHandler	java.lang.Byte, byte	数据库兼容的 NUMERIC 或 BYTE
ShortTypeHandler	java.lang.Short, short	数据库兼容的 NUMERIC 或 SHORT INTEGER
IntegerTypeHandler	java.lang.Integer, int	数据库兼容的 NUMERIC 或 INTEGER
LongTypeHandler	java.lang.Long, long	数据库兼容的 NUMERIC 或 LONG INTEGER
FloatTypeHandler	java.lang.Float, float	数据库兼容的 NUMERIC 或 FLOAT
DoubleTypeHandler	java.lang.Double, double	数据库兼容的 NUMERIC 或 DOUBLE
BigDecimalTypeHandler	java.math.BigDecimal	数据库兼容的 NUMERIC 或 DECIMAL
StringTypeHandler	java.lang.String	CHAR，VARCHAR
ClobTypeHandler	java.lang.String	CLOB，LONGVARCHAR
NStringTypeHandler	java.lang.String	NVARCHAR，NCHAR
NClobTypeHandler	java.lang.String	NCLOB
ByteArrayTypeHandler	byte[]	数据库兼容的字节流类型
BlobTypeHandler	byte[]	BLOB，LONGVARBINARY
DateTypeHandler	java.util.Date	TIMESTAMP

续表

类型处理器	Java 类型	JDBC 类型
DateOnlyTypeHandler	java.util.Date	DATE
TimeOnlyTypeHandler	java.util.Date	TIME
SqlTimestampTypeHandler	java.sql.Timestamp	TIMESTAMP
SqlDateTypeHandler	java.sql.Date	DATE
SqlTimeTypeHandler	java.sql.Time	TIME
ObjectTypeHandler	Any	OTHER 或未指定类型
EnumTypeHandler	Enumeration Type	VARCHAR 或任何兼容的字符串类型，存储枚举的名称（而不是索引）
EnumOrdinalTypeHandler	Enumeration Type	任何兼容的 NUMERIC 或 DOUBLE 类型，存储枚举的索引（而不是名称）

我们需要注意下面几点。

- 数值类型的精度，数据库 int、double、decimal 这些类型和 java 的精度、长度都是不一样的。

- 时间精度，取数据到日用 DateOnlyTypeHandler 即可，用到精度为秒的用 SqlTimestamp TypeHandler 等。

让我们选取一个 MyBatis 系统自定义的 typeHandler，并了解它的具体内容。我们可以看到 MyBatis 源码包 org.apache.ibatis.type 下面定义的 StringTypeHandler。StringTypeHandler 是一个最常用的 typeHandler，负责处理 String 类型，如代码清单 3-12 所示。

代码清单 3-12：StringTypeHandler.java

```java
public class StringTypeHandler extends BaseTypeHandler<String> {

    @Override
    public void setNonNullParameter(PreparedStatement ps, int i, String
parameter, JdbcType jdbcType)
        throws SQLException {
      ps.setString(i, parameter);
    }

    @Override
    public String getNullableResult(ResultSet rs, String columnName)
        throws SQLException {
      return rs.getString(columnName);
    }
```

```
@Override
public String getNullableResult(ResultSet rs, int columnIndex)
   throws SQLException {
 return rs.getString(columnIndex);
}

@Override
public String getNullableResult(CallableStatement cs, int columnIndex)
   throws SQLException {
 return cs.getString(columnIndex);
}
}
```

说明一下上面的代码。

StringTypeHandler 继承了 BaseTypeHandler。而 BaseTypeHandler 实现了接口 typeHandler，并且自己定义了 4 个抽象的方法。所以继承它的时候，正如本例一样需要实现其定义的 4 个抽象方法，这些方法已经在 StringTypeHandler 中用@Override 注解注明了。

setParameter 是 PreparedStatement 对象设置参数，它允许我们自己填写变换规则。

getResult 则分为 ResultSet 用列名（columnName）或者使用列下标（columnIndex）来获取结果数据。其中还包括了用 CallableStatement（存储过程）获取结果及数据的方法。

3.4.2　自定义 typeHandler

一般而言，MyBatis 系统定义的 typeHandler 已经能够应付大部分的场景了，但是我们不能排除不够用的情况。首先需要明确两个问题：我们自定义的 typeHandler 需要处理什么类型？现有的 typeHandler 适合我们使用吗？我们需要特殊的处理 Java 的那些类型（JavaType）和对应处理数据库的那些类型（JdbcType），比如说字典项的枚举。

这里让我们重复覆盖一个字符串参数的 typeHandler，我们首先配置 XML 文件，确定我们需要处理什么类型的参数和结果，如代码清单 3-13 所示。

代码清单 3-13：注册自定义 typeHandler

```
<typeHandlers>
      <typeHandler jdbcType="VARCHAR" javaType="string"
handler="com.learn.chapter3.typeHandler.MyStringTypeHandler"/>
</typeHandlers>
```

51

上面定义的数据库类型为 VARCHAR 型。当 Java 的参数为 string 型的时候，我们将使用 MyStringTypeHandler 进行处理。但是只有这个配置 MyBatis 不会自动帮助你去使用这个 typeHandler 去转化，你需要更多的配置。

对于 MyStringTypeHandler 的要求是必须实现接口：org.apache.ibatis.type. TypeHandler，在 MyBatis 中，我们也可以继承 org.apache.ibatis.type.BaseTypeHandler 来实现，因为 BaseTypeHandler 已经实现了 typeHandler 接口。在自定义的 typeHandler 中我们看到了如何继承 BaseTypeHandler 来实现。现在我们用 typeHandler 接口来实现，如代码清单 3-14 所示。

代码清单 3-14：MyStringTypeHandler.java

```java
@MappedTypes({String.class})
@MappedJdbcTypes(JdbcType.VARCHAR)
public class MyStringTypeHandler implements TypeHandler<String> {

    private Logger log = Logger.getLogger(MyStringTypeHandler.class);

    @Override
    public void setParameter(PreparedStatement ps, int index, String value,
JdbcType jt) throws SQLException {
        log.info("使用我的 TypeHandler");
        ps.setString(index, value);
    }

    @Override
    public String getResult(ResultSet rs, String colName) throws
SQLException {
        log.info("使用我的 TypeHandler，ResultSet 列名获取字符串");
        return rs.getString(colName);
    }

    @Override
    public String getResult(ResultSet rs, int index) throws SQLException {
        log.info("使用我的 TypeHandler，ResultSet 下标获取字符串");
        return rs.getString(index);
    }

    @Override
    public String getResult(CallableStatement cs, int index) throws
SQLException {
```

```
        log.info("使用我的 TypeHandler, CallableStatement 下标获取字符串");
        return cs.getString(index);
    }
}
```

代码里涉及了使用预编译（PreparedStatement）设置参数，获取结果集的时候使用的方法，并且给出日志。

自定义 typeHandler 里用注解配置 JdbcType 和 JavaType。这两个注解是：

- @MappedTypes 定义的是 JavaType 类型，可以指定哪些 Java 类型被拦截。
- @MappedJdbcTypes 定义的是 JdbcType 类型，它需要满足枚举类 org.apache.ibatis.type.JdbcType 所列的枚举类型。

到了这里我们还不能测试，因为还需要去标识哪些参数或者结果类型去用 typeHandler 进行转换，在没有任何标识的情况下，MyBatis 是不会启用你定义的 typeHandler 进行转换结果的，所以还要给予对应的标识，比如配置 jdbcType 和 javaType，或者直接用 typeHandler 属性指定，因此我们需要修改映射器的 XML 配置。我们进行如下修改，如代码清单 3-15 所示。

代码清单 3-15：修改映射文件

```xml
<?xml version="1.0" encoding="UTF-8" ?>
<!DOCTYPE mapper
  PUBLIC "-//mybatis.org//DTD Mapper 3.0//EN"
  "http://mybatis.org/dtd/mybatis-3-mapper.dtd">
<mapper namespace="com.learn.chapter3.mapper.RoleMapper">

    <resultMap type="role" id="roleMap">
        <!--定义结果类型转化器标识，才能使用类型转换器 -->
        <id column="id" property="id" javaType="long" jdbcType="BIGINT" />
        <result column="role_name" property="roleName" javaType="string"
jdbcType="VARCHAR" />
        <result column="note" property="note"
typeHandler="com.learn.chapter3.typeHandler.MyStringTypeHandler"/>
    </resultMap>

    <select id="getRole" parameterType="long" resultMap="roleMap">
        select id, role_name, note from t_role where id = #{id}
    </select>

    <select id="findRole" parameterType="string" resultMap="roleMap">
```

```
        select id, role_name, note from t_role
        where role_name like concat('%',
            #{roleName javaType=string, jdbcType=VARCHAR, typeHandler=com.
learn.chapter3.typeHandler.MyStringTypeHandler}, '%')
    </select>

    <insert id="insertRole" parameterType="role">
        insert into t_role(role_name, note) values (#{roleName}, #{note})
    </insert>

    <delete id="deleteRole" parameterType="long">
        delete from t_role where id = #{id}
    </delete>
</mapper>
```

我们这里引入了 resultMap，它提供了映射规则，这里给了 3 种 typeHandler 的使用方法。

- 在配置文件里面配置，在结果集的 roleName 定义 jdbcType 和 javaType。只有定义的 jdbcType、javaType 和我们定义在配置里面的 typeHandler 是一致的，MyBatis 才能够知道用我们自定义的类型转化器进行转换。
- 映射集里面直接定义具体的 typeHandler，这样就不需要再在配置里面定义了。
- 在参数中制定 typeHandler，这样 MyBatis 就会用对应的 typeHandler 进行转换。这样也不需要在配置里面定义了。

做了以上的修改，我们运行一下 findRole 方法看看结果。

```
DEBUG 2016-02-01 17:52:18,862 org.apache.ibatis.datasource.pooled. Pooled
DataSource: Created connection 1558712965.
DEBUG 2016-02-01 17:52:18,863 org.apache.ibatis.transaction.jdbc. Jdbc
Transaction: Setting autocommit to false on JDBC Connection [com.mysql.jdbc.
JDBC4Connection@5ce81285]
DEBUG 2016-02-01 17:52:18,867 org.apache.ibatis.logging.jdbc. BaseJdbc
Logger: ==>  Preparing: select id, role_name, note from t_role where
role_name like concat('%', ?, '%')
DEBUG 2016-02-01 17:52:18,906 org.apache.ibatis.logging.jdbc. BaseJdbc
Logger: ==> Parameters: test(String)
 com.learn.chapter3.typeHandler.MyStringTypeHandler: 使用我的 TypeHandler,
ResultSet 列名获取字符串
 INFO 2016-02-01 17:52:18,938 com.learn.chapter3.typeHandler. MyString
```

```
TypeHandler: 使用我的 TypeHandler，ResultSet 列名获取字符串
DEBUG 2016-02-01 17:52:18,938 org.apache.ibatis.logging.jdbc.BaseJdbcLogger:
<==      Total: 1
1
DEBUG 2016-02-01 17:52:18,939 org.apache.ibatis.transaction.jdbc. Jdbc
Transaction: Resetting autocommit to true on JDBC Connection
[com.mysql.jdbc.JDBC4Connection@5ce81285]
```

从结果看，程序已经正确运行了，我们定义的 typeHandler 已经启动。如果在配置 typeHandler 的时候也可以进行包配置，那么 MyBatis 就会扫描包里面的 typeHandler，以减少配置的工作，让我们看看如何配置，如代码清单 3-16 所示。

代码清单 3-16：通过扫描注册 typeHandler

```
<typeHandlers>
  <package name="com.learn.chapter3.typeHandler"/>
</typeHandlers>
```

3.4.3　枚举类型 typeHandler

3.4.2 节给出了自定义 Java 类型的 typeHandler，但是在 MyBatis 中枚举类型的 typeHandler 则有自己特殊的规则，MyBatis 内部提供了两个转化枚举类型的 typeHandler 给我们使用。

- org.apache.ibatis.type.EnumTypeHandler
- org.apache.ibatis.type.EnumOrdinalTypeHandler

其中，EnumTypeHandler 是使用枚举字符串名称作为参数传递的，EnumOrdinalTypeHandler 是使用整数下标作为参数传递的。如果枚举和数据库字典项保持一致，我们使用它们就可以了。然而这两个枚举类型应用却不是那么广泛，更多的时候我们希望使用自定义的 typeHandler 处理它们。所以在这里我们也会谈及自定义的 typeHanlder 实现枚举映射。

下面以性别为例，讲述如何实现枚举类。现在我们有一个性别枚举，它定义了字典：男（male），女（female）。那么我们可以轻易得到一个枚举类，如代码清单 3-17 所示。

代码清单 3-17：Sex.java 性别枚举

```
package com.learn.chapter3.enums;
public enum Sex {
```

```
MALE(1, "男"), FEMALE(2, "女");
private int id;
private String name;
  private Sex(int id, String name) {
    this.id = id;
    this.name = name;
}
public int getId() {
    return id;
}
public void setId(int id) {
    this.id = id;
}
public String getName() {
    return name;
}
public void setName(String name) {
    this.name = name;
}
public static Sex getSex(int id) {
    if (id == 1) {
        return MALE;
    } else if (id == 2) {
        return FEMALE;
    }
    return null;
}
}
```

3.4.3.1 EnumOrdinalTypeHandler

在没有配置的时候，EnumOrdinalTypeHandler 是 MyBatis 默认的枚举类型的处理器。为了让 EnumOrdinalTypeHandler 能够处理它，我们在 MyBatis 做如下配置，如代码清单 3-18 所示。

代码清单 3-18：配置性别枚举

```
<typeHandlers>
......
        <typeHandler
handler="org.apache.ibatis.type.EnumOrdinalTypeHandler"
```

```
                    javaType="com.learn.chapter3.enums.Sex" />
......
</typeHandlers>
```

这样当 MyBatis 遇到这个枚举就可以识别这个枚举了，然后我们给出 userMapper.xml，请注意代码清单 3-19 中加粗的代码。

代码清单 3-19：userMapper.xml

```xml
<?xml version="1.0" encoding="UTF-8" ?>
<!DOCTYPE mapper
  PUBLIC "-//mybatis.org//DTD Mapper 3.0//EN"
  "http://mybatis.org/dtd/mybatis-3-mapper.dtd">
<mapper namespace="com.learn.chapter3.mapper.UserMapper">
    <resultMap type="com.learn.chapter3.po.User" id="userMap">
        <id column="id" property="id" javaType="long" jdbcType="BIGINT" />
        <result column="user_name" property="userName"/>
        <result column="cnname" property="cnname"/>
        <result column="birthday" property="birthday" />
        <result column="sex" property="sex"  typeHandler="org.
apache.ibatis.type.EnumOrdinalTypeHandler"/>
        <result column="email" property="email" />
        <result column="mobile" property="mobile" />
        <result column="note" property="note" />
    </resultMap>
    <select id="getUser" parameterType="long" resultMap="userMap">
    select  id, user_name, cnname, birthday, sex,  email, mobile, note from
t_user
    where id = #{id}
    </select>

    <insert parameterType="com.learn.chapter3.po.User" id="insertUser">
        insert into t_user(user_name, cnname, birthday, sex,  email, mobile,
note)
        values(#{userName}, #{cnname}, #{birthday},
    #{sex, typeHandler=org.apache.ibatis.type.EnumOrdinalTypeHandler},
        #{email}, #{mobile}, #{note})
    </insert>
</mapper>
```

为了测试，我们需要一个接口，如代码清单 3-20 所示。

代码清单 3-20：UserMapper.java

```
package com.learn.chapter3.mapper;
import com.learn.chapter3.po.User;
public interface UserMapper {
    public User getUser(Long id);
    public int insertUser(User user);
}
```

我们要确保引入这个映射器到 MyBatis 上下文中，请参考 roleMapper.xml 的引入方法，然后就可以进行测试了，如代码清单 3-21 所示。

代码清单 3-21：测试 EnumOrdinalTypeHandler

```
public static void testEnumOrdinalTypeHandler() {
    SqlSession sqlSession = null;
    try {
        sqlSession = SqlSessionFactoryUtil.openSqlSession();
        UserMapper userMapper =
            sqlSession.getMapper(UserMapper.class);
        User user = new User();
        user.setUserName("zhangsan");
        user.setCnname("张三");
        user.setMobile("18888888888");
        user.setSex(Sex.MALE);
        user.setEmail("zhangsan@163.com");
        user.setNote("test EnumOrdinalTypeHandler!!");
        user.setBirthday(new Date());
        userMapper.insertUser(user);
        User user2 = userMapper.getUser(1L);
        System.out.println(user2.getSex());
        sqlSession.commit();
    } catch(Exception ex) {
        System.err.println(ex.getMessage());
        sqlSession.rollback();
    } finally {
        if (sqlSession != null) {
            sqlSession.close();
        }
    }
}
```

让我们看看结果。

```
......
DEBUG 2016-02-03 11:24:20,347 org.apache.ibatis.datasource.pooled.
PooledDataSource: Created connection 1815546035.
DEBUG 2016-02-03 11:24:20,347 org.apache.ibatis.transaction.jdbc.
JdbcTransaction: Setting autocommit to false on JDBC Connection
[com.mysql.jdbc.JDBC4Connection@6c3708b3]
DEBUG 2016-02-03 11:24:20,347 org.apache.ibatis.logging.jdbc.
BaseJdbcLogger: ==> Preparing: insert into t_user(user_name,
cnname, birthday, sex, email, mobile, note) values(?, ?, ?, ?, ?, ?, ?)
DEBUG 2016-02-03 11:24:20,407 org.apache.ibatis.logging.jdbc.
BaseJdbcLogger: ==> Parameters: zhangsan(String), 张三(String),
2016-02-03 11:24:20.087 (Timestamp),0(Integer),zhangsan@163.com
(String), 18888888888(String), test EnumOrdinalTypeHandler!!(String)
DEBUG 2016-02-03 11:24:20,407 org.apache.ibatis.logging.jdbc.BaseJdbcLogger:
<== Updates: 1
DEBUG 2016-02-03 11:24:20,407 org.apache.ibatis.logging.jdbc.BaseJdbcLogger:
==> Preparing: select id, user_name, cnname, birthday, sex, email, mobile,
note from t_user where id = ?
DEBUG 2016-02-03 11:24:20,407 org.apache.ibatis.logging.jdbc.BaseJdbc
Logger: ==> Parameters: 1(Long)
DEBUG 2016-02-03 11:24:20,427 org.apache.ibatis.logging.jdbc.BaseJdbcLogger:
<== Total: 1
MALE
DEBUG 2016-02-03 11:24:20,427 org.apache.ibatis.transaction.jdbc.JdbcTransaction:
Committing JDBC Connection [com.mysql.jdbc.JDBC4Connection@6c3708b3]
DEBUG 2016-02-03 11:24:20,447 org.apache.ibatis.transaction.jdbc.JdbcTransaction:
Resetting autocommit to true on JDBC Connection [com.mysql.jdbc.
JDBC4Connection@6c3708b3]
DEBUG 2016-02-03 11:24:20,447 org.apache.ibatis.transaction.jdbc.JdbcTransaction:
Closing JDBC Connection [com.mysql.jdbc.JDBC4Connection@6c3708b3]
......
```

运行成功了，我们看看数据库中的枚举插入结果，如图 3-1 所示。

我们发现它插入的是枚举定义的下标，而取出也是根据下标进行转化的。

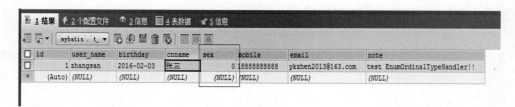

图 3-1　枚举插入结果

3.4.3.2　EnumTypeHandler

EnumTypeHandler 是使用枚举名称去处理 Java 枚举类型。EnumTypeHandler 对应的是一个字符串，让我们来看看它的用法。

首先定义一个字符串，VARCHAR 型的字典项，例如将 3.4.3.1 节的性别（sex）修改为 VARCHAR 型，然后修改映射 XML 文件。这时我们在映射文件里面做了全部的限定描述（javaType、jdbcType、typeHandler 全配置），这样就不需要在 MyBatis 配置文件里再进行配置了，如代码清单 3-22 所示。

代码清单 3-22：使用 EnumTypeHandler 做转换枚举

```xml
<?xml version="1.0" encoding="UTF-8" ?>
<!DOCTYPE mapper
  PUBLIC "-//mybatis.org//DTD Mapper 3.0//EN"
  "http://mybatis.org/dtd/mybatis-3-mapper.dtd">
<mapper namespace="com.learn.chapter3.mapper.UserMapper">
    <resultMap type="com.learn.chapter3.po.User" id="userMap">
        <id column="id" property="id" javaType="long" jdbcType="BIGINT" />
        <result column="user_name" property="userName"/>
        <result column="cnname" property="cnname"/>
        <result column="birthday" property="birthday" />
        <result                  column="sex"                  property="sex"
typeHandler="org.apache.ibatis.type. EnumTypeHandler"/>
        <result column="email" property="email" />
        <result column="mobile" property="mobile" />
        <result column="note" property="note" />
    </resultMap>
    <select id="getUser" parameterType="long" resultMap="userMap">
    select id, user_name, cnname, birthday, sex,  email, mobile, note from
t_user
    where id = #{id}
    </select>
```

```
    <insert parameterType="com.learn.chapter3.po.User" id="insertUser">
        insert into t_user(user_name, cnname, birthday, sex,  email, mobile,
note)
        values(#{userName}, #{cnname}, #{birthday},
        #{sex,
typeHandler=org.apache.ibatis.type.EnumOrdinalTypeHandler},
        #{email}, #{mobile}, #{note})
    </insert>
</mapper>
```

然后把 POJO 的属性 sex 从整数型修改为 String 型就可以了。EnumTypeHandler 是通过 Enum.name 方法将其转化为字符串，通过 Enum.valueOf 方法将字符串转化为枚举的。

当我们做了这样的修改后，插入的结果如图 3-2 所示。

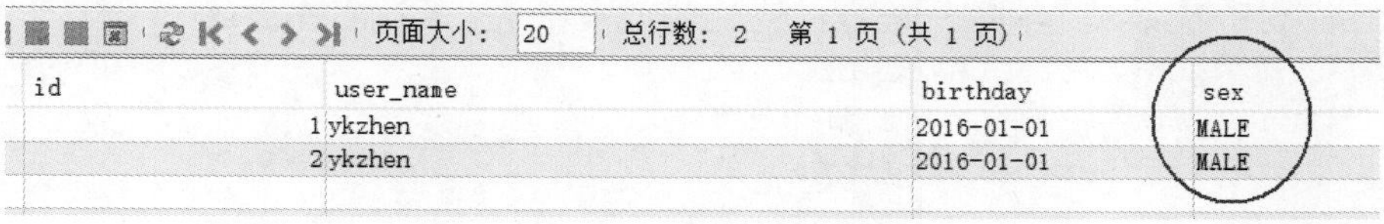

id	user_name	birthday	sex
1	ykzhen	2016-01-01	MALE
2	ykzhen	2016-01-01	MALE

图 3-2　EnumTypeHandler 转化枚举

3.4.3.3　自定义枚举类的 typeHandler

在大部分的情况下我们都不想使用系统的枚举 typeHandler 而是采用自定义。如果下标和名称往往都不是我们想要的结果，那么我们就可以参考自定义的 typeHandler 来定义其映射关系的规则。首先，我们增加配置，如代码清单 3-23 所示。

代码清单 3-23：增加自定义 typeHandler 的定义

```
<typeHandler handler="com.learn.chapter3.typeHandler.SexEnumTypeHandler"
            javaType="com.learn.chapter3.enums.Sex" />
```

然后，给出 SexEnumTypeHandler 的定义，如代码清单 3-24 所示。

代码清单 3-24：SexEnumTypeHandler.java

```
package com.learn.chapter3.typeHandler;
import java.sql.CallableStatement;
import java.sql.PreparedStatement;
import java.sql.ResultSet;
import java.sql.SQLException;
import org.apache.ibatis.type.JdbcType;
```

```
import org.apache.ibatis.type.TypeHandler;
import com.learn.chapter3.enums.Sex;
public class SexEnumTypeHandler implements TypeHandler<Sex> {
    @Override
    public Sex getResult(ResultSet rs, String name) throws SQLException {
        int id = rs.getInt(name);
        return Sex.getSex(id);
    }

    @Override
    public Sex getResult(ResultSet rs, int index) throws SQLException {
        int id = rs.getInt(index);
        return Sex.getSex(id);
    }

    @Override
    public Sex getResult(CallableStatement cs, int index)
            throws SQLException {
        int id = cs.getInt(index);
        return Sex.getSex(id);
    }

    @Override
    public void setParameter(PreparedStatement ps, int index, Sex sex,
            JdbcType jdbcType) throws SQLException {
        ps.setInt(index, sex.getId());
    }
}
```

最后，把代码清单 3-22 修改为我们定义的 SexEnumTypeHandler 即可运行程序了，这样自定义枚举就可以和数据库的字典项目对应起来了。

3.5　ObjectFactory

当 MyBatis 在构建一个结果返回的时候，都会使用 ObjectFactory（对象工厂）去构建 POJO，在 MyBatis 中可以定制自己的对象工厂。一般来说我们使用默认的 ObjectFacotry 即可，MyBatis 中默认的 ObjectFacotry 是由 org.apache.ibatis.reflection.factory.DefaultObjectFactory 来提供服务的。在大部分的场景下我们都不用修改，如果要定制特定的工厂则需要进行配置，如代码清单 3-25 所示。

代码清单 3-25：定义新的 ObjectFactory

```
<objectFactory type="com.learn.chapter3.objectFactory.MyObjectFactory">
    <property name="name" value="MyObjectFactory" />
</objectFactory>
```

我们这里配置了一个对象工厂 MyObjectFactory，对它的要求是实现 ObjectFactory 的接口。实际上 DefaultObjectFactory 已经实现了 ObjectFactory 的接口，我们可以通过继承 DefaultObjectFactory 来简化编程。下面给出它的实现代码和测试结果，如代码清单 3-26 所示。

代码清单 3-26：MyObjectFactory.java

```java
package com.learn.chapter3.objectFactory;
import java.util.List;
import java.util.Properties;
import org.apache.ibatis.reflection.factory.DefaultObjectFactory;
import org.apache.log4j.Logger;
public class MyObjectFactory extends DefaultObjectFactory {

    private static final long serialVersionUID = -3814827216040286292L;
    Logger log = Logger.getLogger(MyObjectFactory.class);

    @Override
    public void setProperties(Properties prprts) {
        log.info("定制属性: "+prprts);
        super.setProperties(prprts);
    }

    @Override
    public <T> T create(Class<T> type) {
        log.info("使用定制对象工厂的 create 方法构建单个对象");
        return super.create(type);
    }

    @Override
    public <T> T create(Class<T> type, List<Class<?>> list, List<Object>
list1) {
        log.info("使用定制对象工厂的 create 方法构建列表对象");
        return super.create(type, list, list1);
```

63

```
        }

        @Override
        public <T> boolean isCollection(Class<T> type) {
                return super.isCollection(type);
        }

}
```

这里并没有实现额外的功能，只是做一下测试而已，如果定制需要自己编写里面的逻辑。让我们运行一下，查看其运行的结果。

```
DEBUG 2016-02-03 11:50:45,956 org.apache.ibatis.transaction.jdbc.JdbcTransaction:
Setting  autocommit  to  false  on  JDBC  Connection  [com.mysql.jdbc.
JDBC4Connection@eec5a4a]
DEBUG  2016-02-03  11:50:45,956  org.apache.ibatis.logging.jdbc.  BaseJdbc
Logger: ==>  Preparing: select id, user_name, cnname, birthday, sex, email,
mobile, note from t_user where id = ?
DEBUG  2016-02-03  11:50:46,006  org.apache.ibatis.logging.jdbc.  BaseJdbc
Logger: ==> Parameters: 1(Long)
 INFO 2016-02-03 11:50:46,016 com.learn.chapter3.objectFactory. MyObject
Factory: 使用定制对象工厂的 create 方法构建单个对象
 INFO 2016-02-03 11:50:46,016 com.learn.chapter3.objectFactory. MyObject
Factory: 使用定制对象工厂的 create 方法构建列表对象
 INFO  2016-02-03  11:50:46,026  com.learn.chapter3.objectFactory.MyObject
Factory: 使用定制对象工厂的 create 方法构建单个对象
 INFO  2016-02-03  11:50:46,026  com.learn.chapter3.objectFactory.MyObject
Factory: 使用定制对象工厂的 create 方法构建列表对象
DEBUG  2016-02-03  11:50:46,036  org.apache.ibatis.logging.jdbc.  BaseJdbc
Logger: <==      Total: 1
DEBUG 2016-02-03 11:50:46,036 org.apache.ibatis.transaction.jdbc. Jdbc
Transaction:  Resetting  autocommit  to  true  on  JDBC  Connection
[com.mysql.jdbc.JDBC4Connection@eec5a4a]
```

从运行的结果可以看出，首先，setProperties 方法可以使得我们如何去处理设置进去的属性，而 create 方法分别可以处理单个对象和列表对象。其次，我们配置的 ObjectFactory 已经生效。注意，大部分的情况下，我们不需要使用自己配置的 ObjectFactory，使用系统默认的即可。

3.6　插件

插件（plugins）是比较复杂的，使用时要特别小心。使用插件将覆盖一些 MyBatis 内部核心对象的行为，在没有了解 MyBatis 内部运行原理之前我们没有必要去讨论它，所以这里暂时不讨论，留到第 6 章讲述 MyBatis 技术原理后，第 7 章时再去讨论它。那个时候讨论有利于我们真正理解并合理使用插件。

3.7　environments 配置环境

3.7.1　概述

配置环境可以注册多个数据源（dataSource），每一个数据源分为两大部分：一个是数据库源的配置，另外一个是数据库事务（transactionManager）的配置。我们来看一个连接池的数据源的配置，如代码清单 3-27 所示。

代码清单 3-27：配置数据源

```
<environments default="development">
    <environment id="development">
        <transactionManager type="JDBC">
            <property name="autoCommit" value="false"/>
        </transactionManager>
        <dataSource type="POOLED">
            <property name="driver" value="com.mysql.jdbc.Driver"/>
            <property name="url"
value="jdbc:mysql://localhost:3306/oa"/>
            <property name="username" value="root"/>
            <property name="password" value="learn"/>
        </dataSource>
    </environment>
</environments>
```

我们分析一下上面的配置。

- environments 中的属性 default，标明在缺省的情况下，我们将启用哪个数据源配置。
- environment 元素是配置一个数据源的开始，属性 id 是设置这个数据源的标志，以便 MyBatis 上下文使用它。

- transactionManager 配置的是数据库事务，其中 type 属性有 3 种配置方式。

（1）JDBC，采用 JDBC 方式管理事务，在独立编码中我们常常使用。

（2）MANAGED，采用容器方式管理事务，在 JNDI 数据源中常用。

（3）自定义，由使用者自定义数据库事务管理办法，适用于特殊应用。

- property 元素则是可以配置数据源的各类属性，我们这里配置了 autoCommit = false，则是要求数据源不自动提交。
- dataSource 标签，是配置数据源连接的信息，type 属性是提供我们对数据库连接方式的配置，同样 MyBatis 提供这么几种配置方式：

（1）UNPOOLED，非连接池数据库（UnpooledDataSource）。

（2）POOLED，连接池数据库（PooledDataSource）。

（3）JNDI，JNDI 数据源（JNDIDataSource）。

（4）自定义数据源。

其中，配置的 property 元素，就是定义数据库的各类参数。

3.7.2 数据库事务

数据库事务 MyBatis 是交由 SqlSession 去控制的，我们可以通过 SqlSession 提交（commit）或者回滚（rollback）。我们插入一个角色对象，如果成功就提交，否则就回滚，如代码清单 3-28 所示。

代码清单 3-28：数据库事务处理

```
try {
        sqlSession = SqlSessionFactoryUtil.openSqlSession();
        RoleMapper roleMapper = sqlSession.getMapper(RoleMapper.class);
        int count = roleMapper.insertRole(role);
        sqlSession.commit();
        return count;
    }catch(Exception ex) {
        sqlSession.rollback();
    }finally {
```

```
        sqlSession.close();
    }
```

在大部分的工作环境下，我们都会使用 Spring 框架来控制它，这些内容将放到第 8 章去讨论。

3.7.3　数据源

MyBatis 内部为我们提供了 3 种数据源的实现方式。

- UNPOOLED，非连接池，使用 MyBatis 提供的 org.apache.ibatis.datasource.unpooled. UnpooledDataSource 实现。
- POOLED，连接池，使用 MyBatis 提供的 org.apache.ibatis.datasource.pooled.PooledData Source 实现。
- JNDI，使用 MyBatis 提供的 org.apache.ibatis.datasource.jndi.JndiDataSourceFactory 来获取数据源。

我们只需要把数据源的属性 type 定义为 UNPOOLED、POOLED、JNDI 即可。

这 3 种实现方式比较简单，只需要配置参数即可，但有时候我们需要使用其他的数据源。如果使用自定义数据源，它必须实现 org.apache.ibatis.datasource.DataSourceFactory 接口。比如说我们可能要用 DBCP 数据源，这个时候我们需要自定义数据源，如代码清单 3-29 所示。

代码清单 3-29：使用自定义数据源

```
....
import org.apache.commons.dbcp2.BasicDataSource;
import org.apache.commons.dbcp2.BasicDataSourceFactory;
import org.apache.ibatis.datasource.DataSourceFactory;
public class DbcpDataSourceFactory extends BasicDataSource implements
DataSourceFactory{

    private Properties props = null;

    @Override
    public void setProperties(Properties props) {
        this.props = props;
    }

    @Override
```

```
public DataSource getDataSource() {
    DataSource dataSource = null;
    try {
        dataSource = BasicDataSourceFactory.createDataSource(props);
    } catch (Exception ex) {
        ex.printStackTrace();
    }
    return dataSource;
}
}
```

使用 DBCP 数据源需要我们提供一个类去配置它。我们按照下面的方法配置就可以使用 DBCP 数据源了。

```
<datasource type="xxx.xxx.DbcpDataSourceFactory">
```

3.8　databaseIdProvider 数据库厂商标识

在相同数据库厂商的环境下，数据库厂商标识没有什么意义，在实际的应用中使用得比较少，因为使用不同厂商数据库的系统还是比较少的。MyBatis 可能会运行在不同厂商的数据库中，它为此提供一个数据库标识，并提供自定义，它的作用在于指定 SQL 到对应的数据库厂商提供的数据库中运行。

3.8.1　使用系统默认规则

MyBatis 提供默认的配置规则，如代码清单 3-30 所示。

代码清单 3-30：使用默认数据库标签

```
<databaseIdProvider type="DB_VENDOR">
    <property name="SQL Server" value="sqlserver"/>
    <property name="MySQL" value="mysql"/>
    <property name="DB2" value="db2"/>
    <property name="Oracle" value="oracle" />
</databaseIdProvider>
```

type="DB_VENDOR"是启动 MyBatis 内部注册的策略器。首先 MyBatis 会将你的配置读入

Configuration 类里面，在连接数据库后调用 getDatabaseProductName()方法去获取数据库的信息，然后用我们配置的 name 值去做匹配来得到 DatabaseId。我们把这些配置到我们的例子里，而我们的例子使用的正是 MySQL 数据库。这个时候，我们可以用下面的代码来获得数据库的 ID，显然结果就是 MySQL。

```
sqlSessionFactory.getConfiguration().getDatabaseId();
```

我们也可以指定 SQL 在哪个数据库厂商执行，我们把 Mapper 的 XML 配置修改一下，如代码清单 3-31 所示。

代码清单 3-31：定义数据库标签

```
<select parameterType="string" id="getRole" resultType="role" databaseId=
"mysql">
    select role_no as roleNo, role_name as roleName, note from t_role
    where role_no =#{roleNo, javaType=String, jdbcType=VARCHAR}
</select>
```

在多了一个 databaseId 属性的情况下，MyBatis 将提供如下规则。

- 如果没有配置 databaseIdProvider 标签，那么 databaseId 就会返回 null。
- 如果配置了 databaseIdProvider 标签，MyBatis 就会用配置的 name 值去匹配数据库信息，如果匹配得上就会设置 databaseId，否则依旧为 null。
- 如果 Configuration 的 databaseId 不为空，则它只会找到配置 databaseId 的 SQL 语句。
- MyBatis 会加载不带 databaseId 属性和带有匹配当前数据库 databaseId 属性的所有语句。如果同时找到带有 databaseId 和不带 databaseId 的相同语句，则后者会被舍弃。

3.8.2　不使用系统默认规则

MyBatis 也提供规则允许自定义，我们只要实现 databaseIdProvider 接口，并且实现配置即可，下面我们来看一个实例。

首先，写好我们自定义的规则类，如代码清单 3-32 所示。

代码清单 3-32：MydatabaseIdProvider.java

```
package com.learn.chapter3.databaseIdprovider;
```

```
import java.sql.SQLException;
import java.util.Properties;
import javax.sql.DataSource;
import org.apache.ibatis.mapping.DatabaseIdProvider;
public class MydatabaseIdProvider implements DatabaseIdProvider{

    private Properties properties = null;

    @Override
    public void setProperties(Properties properties) {
        this.properties = properties;
    }

    @Override
    public String getDatabaseId(DataSource ds) throws SQLException {
        String dbName = ds.getConnection().getMetaData().getDatabaseProductName();
        String dbId = (String)this.properties.get(dbName);
        return dbId;
    }

}
```

其次，注册这个类到 MyBatis 上下文环境中，我们这样配置 databaseIdProvider 标签，如代码清单 3-33 所示。

代码清单 3-33：配置 databaseIdProvider

```
<databaseIdProvider
type="com.learn.chapter3.databaseIdprovider.MydatabaseIdProvider">
    <property name="SQL Server" value="sqlserver"/>
    <property name="MySQL" value="mysql"/>
    <property name="DB2" value="db2"/>
    <property name="Oracle" value="oracle" />
</databaseIdProvider>
```

我们把 type 修改为我们自己实现的类，类里面 setProperties 方法的参数传递进去的将会是我们在 XML 里面配置的信息，我们保存在类的变量 properties 里，方便以后读出。在方法 getDatabaseId 中，传递的参数是数据库数据源，我们获取其名称，然后通过 properties 的键值找到对应的 databaseId。

如有特殊的要求，我们可以根据自己所需要的规则来编写 databaseIdProvider。配置 Mapper、使用规则和默认规则是一致的。

3.9 引入映射器的方法

映射器是 MyBatis 最复杂、最核心的组件。本节着重讨论如何引入映射器。而它的参数类型、动态 SQL、定义 SQL、缓存信息等功能我们会在后面的几章专门讨论。

第 2 章讲解了映射器定义命名空间的方法，命名空间对应的是一个接口的全路径，而不是实现类，我们之后会讨论系统是如何现实的，现在我们只要知道使用这个接口能调度我们想要的 SQL，并组装成为我们想要的结果即可。

首先，定义映射器的接口，如代码清单 3-34 所示。

代码清单 3-34：定义 Mapper 接口

```
package com.learn.chapter3.mapper;
import java.util.List;
import com.learn.chapter3.po.Role;
public interface RoleMapper {
    public Role getRole(Long id);
}
```

其次，给出 XML 文件，如代码清单 3-35 所示。

代码清单 3-35：定义 Mapper 映射规则和 SQL 语句

```
<?xml version="1.0" encoding="UTF-8" ?>
<!DOCTYPE mapper
  PUBLIC "-//mybatis.org//DTD Mapper 3.0//EN"
  "http://mybatis.org/dtd/mybatis-3-mapper.dtd">
<mapper namespace="com.learn.chapter3.mapper.RoleMapper">
<select id="getRole" parameterType="long"
    resultType="com.learn.chapter3.po.Role">
        select id, role_name as roleName, note from t_role
            where id = #{id}
    </select>
</mapper>
```

引入映射器的方法很多，一般分为以下几种。

1．用文件路径引入映射器，如代码清单 3-36 所示。

代码清单 3-36：用文件路径引入

```xml
<mappers>
      <mapper resource="com/learn/chapter3/mapper/roleMapper.xml"/>
</mappers>
```

2．用包名引入映射器，如代码清单 3-37 所示。

代码清单 3-37：使用包名引入

```xml
<mappers>
  <package name="com.learn.chapter3.mapper"/>
</mappers>
```

3．用类注册引入映射器，如代码清单 3-38 所示。

代码清单 3-38：使用类注册引入

```xml
<mappers>
      <mapper class="com.learn.chapter3.mapper.UserMapper"/>
      <mapper class="com.learn.chapter3.mapper.RoleMapper"/>
</mapper>
```

4．用 userMapper.xml 引入映射器，如代码清单 3-39 所示。

代码清单 3-39：使用 userMapper.xml 引入

```xml
<mappers>
<mapper
url="file:///var/mappers/com/learn/chapter3/mapper/roleMapper.xml" />
<mapper
url="file:///var/mappers/com/learn/chapter3/mapper/RoleMapper.xml" />
</mappers>
```

我们可以根据实际需要选择恰当的引入方法。

第**4**章

映射器

映射器是 MyBatis 最强大的工具，也是我们使用 MyBatis 时用得最多的工具，因此熟练掌握它十分必要。MyBatis 是针对映射器构造的 SQL 构建的轻量级框架，并且通过配置生成对应的 JavaBean 返回给调用者，而这些配置主要便是映射器，在 MyBatis 中你可以根据情况定义动态 SQL 来满足不同场景的需要，它比其他框架灵活得多。MyBatis 还支持自动绑定 JavaBean，我们只要让 SQL 返回的字段名和 JavaBean 的属性名保持一致（或者采用驼峰式命名），便可以省掉这些繁琐的映射配置。

4.1 映射器的主要元素

首先让我们明确在映射器中我们可以定义哪些元素，它们的作用分别是什么，如表 4-1 所示。

表 4-1　映射器的配置

元素名称	描　　述	备　　注
select	查询语句，最常用、最复杂的元素之一	可以自定义参数，返回结果集等
insert	插入语句	执行后返回一个整数，代表插入的条数
update	更新语句	执行后返回一个整数，代表更新的条数
delete	删除语句	执行后返回一个整数，代表删除的条数
parameterMap	定义参数映射关系	即将被删除的元素，不建议大家使用
sql	允许定义一部分的 SQL，然后在各个地方引用它	例如，一张表列名，我们可以一次定义，在多个 SQL 语句中使用

元素名称	描　　述	备　　注
resultMap	用来描述从数据库结果集中来加载对象，它是最复杂、最强大的元素	它将提供映射规则
cache	给定命名空间的缓存配置	—
cache-ref	其他命名空间缓存配置的引用	—

接下来我们将详细讨论映射器中主要元素的用法。

4.2　select 元素

4.2.1　概述

毫无疑问，select 元素是我们最常用也是功能最强大的 SQL 语言。select 元素帮助我们从数据库中读出数据，组装数据给业务人员。执行 select 语句前，我们需要定义参数，它可以是一个简单的参数类型，例如 int、float、String，也可以是一个复杂的参数类型，例如 JavaBean、Map 等，这些都是 MyBatis 接受的参数类型。执行 SQL 后，MyBatis 也提供了强大的映射规则，甚至是自动映射来帮助我们把返回的结果集绑定到 JavaBean 中。select 元素的配置如表 4-2 所示。

表 4-2　select 元素的配置

元　　素	说　　明	备　　注
id	它和 Mapper 的命名空间组合起来是唯一的，提供给 MyBatis 调用	如过命名空间和 id 组合起来不唯一，MyBatis 将抛出异常
parameterType	你可以给出类的全命名，也可以给出类的别名，但使用别名必须是 MyBatis 内部定义或者自定义的	我们可以选择 JavaBean、Map 等复杂的参数类型传递给 SQL
parameterMap	即将废弃的元素，我们不再讨论它	—
resultType	定义类的全路径，在允许自动匹配的情况下，结果集将通过 JavaBean 的规范映射； 或定义为 int、double、float 等参数； 也可以使用别名，但是要符合别名规范，不能和 resultMap 同时使用	它是我们常用的参数之一，比如我们统计总条数就可以把它的值设置为 int

续表

元　　素	说　　明	备　　注
resultMap	它是映射集的引用，将执行强大的映射功能，我们可以使用 resultType 或者 resultMap 其中的一个，resultMap 可以给予我们自定义映射规则的机会	它是 MyBatis 最复杂的元素，可以配置映射规则、级联、typeHandler 等
flushCache	它的作用是在调用 SQL 后，是否要求 MyBatis 清空之前查询的本地缓存和二级缓存	取值为布尔值，true/false。默认值为 false
useCache	启动二级缓存的开关，是否要求 MyBatis 将此次结果缓存	取值为布尔值，true/false。默认值为 true
timeout	设置超时参数，等超时的时候将抛出异常，单位为秒	默认值是数据库厂商提供的 JDBC 驱动所设置的秒数
fetchSize	获取记录的总条数设定	默认值是数据库厂商提供的 JDBC 驱动所设置的条数
statementType	告诉 MyBatis 使用哪个 JDBC 的 Statement 工作，取值为 STATEMENT(Statement)、PREPARED（PreparedStatement）、CallableStatement	默认值为 PREPARED
resultSetType	这是对 JDBC 的 resultSet 接口而言，它的值包括 FORWARD_ONLY（游标允许向前访问）、SCROLL_SENSITIVE（双向滚动，但不及时更新，就是如果数据库里的数据修改过，并不在 resultSet 中反应出来）、SCROLL_INSENSITIVE（双向滚动，并及时跟踪数据库的更新，以便更改 resultSet 中的数据）	默认值是数据库厂商提供的 JDBC 驱动所设置的
databaseId	它的使用请参考第 3 章的 databaseIdProvider 数据库厂商标识这部分内容	提供多种数据库的支持
resultOrdered	这个设置仅适用于嵌套结果集 select 语句。如果为 true，就是假设包含了嵌套结果集或者是分组了。当返回一个主结果行的时候，就不能对前面结果集的引用。这就确保了在获取嵌套的结果集的时候不至于导致内存不够用	取值为布尔值，true/false。默认值为 false
resultSets	适合于多个结果集的情况，它将列出执行 SQL 后每个结果集的名称，每个名称之间用逗号分隔	很少使用

4.2.2　简易数据类型的例子

例如，我们需要统计一个姓氏的用户数量。我们应该把姓氏作为参数传递，而将结果设置为整形返回给调用者，如代码清单 4-1 所示。

代码清单 4-1：select 的简单例子

```
<select id="countFirstName" parameterType="string" resultType="int">
```

```
    select count(*) as total from t_user where name like concat(#{firstName},
'%')
</select>
```

我们在接口 UserDao 中定义方法。

```
public int countFirstName(String firstName);
```

这样就可以使用 MyBatis 调用 SQL 了，十分简单。下面对操作步骤进行归纳概括。

- id 标出了这条 SQL。
- parameterType 定义参数类型。
- resultType 定义返回值类型。

当然这个例子只是为了用来入门，我们将来遇到的问题远比这个复杂得多。

4.2.3　自动映射

有这样的一个参数 autoMappingBehavior，当它不设置为 NONE 的时候，MyBatis 会提供自动映射的功能，只要返回的 SQL 列名和 JavaBean 的属性一致，MyBatis 就会帮助我们回填这些字段而无需任何配置，它可以在很大程度上简化我们的配置工作。在实际的情况中，大部分的数据库规范都是要求每个单词用下划线分隔，而 Java 则是用驼峰命名法来命名，于是使用列的别名就可以使得 MyBatis 自动映射，或者直接在配置文件中开启驼峰命名方式。

让我们来看一个例子，体验一下自动映射的好处。我们需要通过角色编号查询一个角色，并将结果集映射到角色的 JavaBean 上。我们先给出 JavaBean，如代码清单 4-2 所示。

代码清单 4-2：Role.java

```
package com.learn.chapter4.po;
public class Role {
    private Long id;
    private String roleName;
    private String note;

    public Long getId() {
        return id;
    }
```

```
public void setId(Long id) {
    this.id = id;
}

public String getRoleName() {
    return roleName;
}

public void setRoleName(String roleName) {
    this.roleName = roleName;
}

public String getNote() {
    return note;
}

public void setNote(String note) {
    this.note = note;
}
}
```

而数据库表（T_ROLE）的字段如表 4-3 所示。

表 4-3　数据库表 T_ROLE 描述

字　　段	类　　型	说　　明
ID	INT(20)	角色编号，主键，递增
ROLE_NAME	VARCHAR(60)	角色名称
NOTE	VARCHAR(1024)	备注

让我们编写 Mapper 的映射语句，如代码清单 4-3 所示。

代码清单 4-3：自动映射

```
<select parameterType="id" id="getRole" resultType="com.learn. chapter4.
pojo.Role" >
    Select id, role_name as roleName, note from t_role
    where id =#{id}
</select>
```

对于 RoleDao 接口，我们提供一个方法。

```
public Role getRole(Long id);
```

这样就可以使用它，角色名称（role_name）使用 SQL 提供的别名功能使得查询结果和 JavaBean 的属性一一对应起来，然后 MyBatis 提供的自动映射的功能使得我们无需过多的提供配置信息，大大减少了我们的工作量。

自动映射可以在 settings 元素中配置 autoMappingBehavior 属性值来设置其策略。它包含 3 个值。

- NONE，取消自动映射。
- PARTIAL，只会自动映射，没有定义嵌套结果集映射的结果集。
- FULL，会自动映射任意复杂的结果集（无论是否嵌套）。

默认值为 PARTIAL。所以在默认的情况下，它可以做到当前对象的映射，使用 FULL 是嵌套映射，在性能上会下降。

如果你的数据库是规范命名的，即每一个单词都用下划线分隔，POJO 采用驼峰式命名方法，那么你也可以设置 mapUnderscoreToCamelCase 为 true，这样就可以实现从数据库到 POJO 的自动映射了。

4.2.4　传递多个参数

4.2.3 节的例子是传递一个参数给映射器，更多的时候我们需要传递多个参数给映射器。现在我们要根据角色名称和备注来模糊查询角色，显然这涉及到了两个参数。

4.2.4.1　使用 Map 传递参数

我们可以使用 MyBatis 提供的 Map 接口作为参数来实现它，如代码清单 4-4 所示。

代码清单 4-4：使用 Map 传递参数

```
<select id="findRoleByMap" parameterType="map" resultMap="roleMap">
     select id, role_name, note from t_role
     where role_name like concat('%', #{roleName}, '%')
     and note like concat('%', #{note}, '%')
</select>
```

对于 RoleDao 接口，我们提供一个方法。

```
public List<Role> findRoleByMap(Map<String, String> params);
```

输入上面的代码就可以使用这个方法了，如代码清单 4-5 所示。

代码清单 4-5：传递参数

```
Map<String, String >paramsMap = new HashMap<String, String>();
        paramsMap.put("roleName", "me");
        paramsMap.put("note", "te");
roleMapper.findRoleByMap(paramsMap);
```

这个方法虽然简单易用，但是有一个弊端：这样设置的参数使用了 Map，而 Map 需要键值对应，由于业务关联性不强，你需要深入到程序中看代码，造成可读性下降。MyBatis 为我们提供了更好的实现方法，它就是注解参数的形式，让我们看看如何实现。

4.2.4.2　使用注解方式传递参数

我们需要使用 MyBatis 的参数注解@Param(org.apache.ibatis.annotations.Param)来实现想要的功能。操作方法是，把 RoleDao 接口修改为下面的形式。

```
public List<Role> findRoleByAnnotation(@Param("roleName") String rolename,
@Param("note") String note);
```

我们把映射器的 XML 修改为无需定义参数类型，如代码清单 4-6 所示。

代码清单 4-6：注解式参数

```
<select id="findRoleByAnnotation" resultMap="roleMap">
        select id, role_name, note from t_role
        where role_name like concat('%', #{roleName}, '%')
        and note like concat('%', #{note}, '%')
</select>
```

当我们把参数传递给后台的时候，通过@Param 提供的名称 MyBatis 就会知道 #{roleName}代表 rolename 参数，参数的可读性大大提高了。但是这会引起另一个麻烦，一条 SQL 拥有 10 个参数的查询，如果我们都使用@Param 方式，那么参数将十分复杂，可读性依旧不高，不过 MyBatis 为我们提供了 JavaBean 定义参数的方式来解决这个问题。

4.2.4.3　使用 JavaBean 传递参数

在参数过多的情况下，MyBatis 允许组织一个 JavaBean，通过简单的 setter 和 getter 方法设置参数，这样就可以提高我们的可读性。首先，定义一个 RoleParams 的 JavaBean，如代码清单 4-7 所示。

代码清单 4-7：定义简易的参数 JavaBean

```
package com.learn.chapter4.params;
public class RoleParam {
    private String roleName;
    private String note;
    public String getRoleName() {
        return roleName;
    }
    public void setRoleName(String roleName) {
        this.roleName = roleName;
    }
    public String getNote() {
        return note;
    }
    public void setNote(String note) {
        this.note = note;
    }
}
```

我们用 JaveBean 改写一下传递参数的例子，如代码清单 4-8 所示。

代码清单 4-8：使用 JavaBean 传递参数

```
<select    id="findRoleByParms"    parameterType="com.learn.chapter4.
params.RoleParam" resultMap="roleMap">
    select id, role_name, note from t_role
    where role_name like concat('%', #{roleName}, '%')
    and note like concat('%', #{note}, '%')
</select>
```

同样我们在 RoleDao 接口提供一个方法。

```
public List<Role> findRoleByParams(RoleParam params);
```

这就是通过 JavaBean 的方式传递多个参数的方式。

4.2.4.4　总结

从 4.2.4.1 节到 4.2.4.3 节我们描述了 3 种传递多个参数的方式，下面对各种方式加以点评和总结，以利于我们在实际操作中的应用。

- 使用 Map 传递参数。因为 Map 导致业务可读性的丧失，从而导致后续扩展和维护的困难，我们应该在实际的应用中果断废弃这样的传递参数的方式。
- 使用@Param 注解传递多个参数，这种方式的使用受到参数个数（n）的影响。当 n ≤5 时，它是最佳的传参方式，它比用 JavaBean 更好，因为它更加直观；当 n＞5 时，多个参数将给调用带来困难。
- 当参数个数多于 5 个时，建议使用 JavaBean 方式。

4.2.5　使用 resultMap 映射结果集

我们在 4.2.3 节讲解了自动映射，但是在某些时候，我们需要处理更为复杂的映射，resultMap 为我们提供了这样的模式。我们需要在映射器中定义 resultMap，这也是我们常见的场景，如代码清单 4-9 所示。

代码清单 4-9：使用 resultMap 作为结果集

```
<resultMap id="roleResultMap" type="com.learn.chapter4.pojo.Role">
    <id property="id" column="id" />
    <result property="roleName" column="role_name"/>
    <result property="note" column="note"/>
</resultMap>
......
<select parameterType="long" id="getRole" resultMap = "roleResultMap" >
    select id, role_name, note from t_role where id = #{id}
</select>
```

解释一下 resultMap 的配置。

- 定义了一个唯一标识（id）为 roleResultMap 的 resultMap，用 type 属性去定义它对应的是哪个 JavaBean（也可以使用别名）。
- 通过 id 元素定义 resultResultMap，这个对象代表着使用哪个属性作为其主键。result 元素定义普通列的映射关系，例如，把 SQL 结果返回的列 role_no 和 type 属性定义 JavaBean 的属性 roleNo 等做一一对应。
- 这样 select 语句就不再需要使用自动映射的规则，直接用 resultMap 属性指定 roleResultMap 即可，这样 MyBatis 就会使用我们的自定义映射规则。

resultMap 可没有你所看见的那么简单，它是映射器中最为复杂的元素，它一般用于复杂、级联这些关联的配置。在简单的情况下，我们可以使用 resultType 通过自动映射来完成，这样配置的工作量就会大大减少，未来随着进一步的学习深入，我们还会讨论 resultMap 的高级应用。

4.3　insert 元素

4.3.1　概述

insert 元素，相对于 select 元素而言要简单许多。MyBatis 会在执行插入之后返回一个整数，以表示你进行操作后插入的记录数。insert 元素配置详解，如表 4-4 所示。

表 4-4　insert 元素配置详解

属性名称	描　　　述	备　　注
id	它和 Mapper 的命名空间组合起来是唯一的，作为唯一标识提供给 MyBatis 调用	如不唯一，MyBatis 将抛出异常
parameterType	你可以给出类的全命名，也可以是一个别名，但使用别名必须是 MyBatis 内部定义或者自定义的别名。定义方法可以参看第 3 章对 typeAlias 元素的讲解	我们可以选择 JavaBean、Map 等参数类型传递给 SQL
parameterMap	即将废弃的元素，我们不再讨论它	—
flushCache	它的作用是在调用 SQL 后，是否要求 MyBatis 清空之前查询的本地缓存和二级缓存	取值为布尔值，true/false。默认值为 false
timeout	设置超时参数，等超时的时候将抛出异常，单位为秒	默认值是数据库厂商提供的 JDBC 驱动所设置的秒数
statementType	告诉 MyBatis 使用哪个 JDBC 的 Statement 工作，取值为 STATEMENT(Statement)、 PREPARED（PreparedStatement） 和 CallableStatement	默认值为 PREPARED
keyProperty	表示以哪个列作为属性的主键。不能和 keyProperty 同时使用	设置哪个列为主键，如果你是联合主键可以用逗号将其隔开
useGeneratedKeys	这会令 MyBatis 使用 JDBC 的 getGeneratedKeys 方法来取出由数据库内部生成的主键，例如，MySQL 和 SQL Server 自动递增字段，Oracle 的序列等，但是使用它就必须要给 keyProperty 或者 keyColumn 赋值	取值为布尔值，true/false。默认值为 false
keyColumn	指明第几列是主键，不能和 keyProperty 同时使用，只接受整形参数	和 keyProperty 一样联合主键，可以用逗号隔开
databaseId	它的使用请参考第 3 章关于 databaseIdProvider 数据库厂商标识这部分内容	提供多种数据库的支持
lang	自定义语言，可使用第三方语言，使用得较少，本书不做介绍	—

虽然元素也不少，但是我们实际操作中常用的元素只有几个，并不是很难掌握，让我们做一个插入角色的操作。首先需要在映射器中定义我们的插入语句，如代码清单 4-10 所示。

代码清单 4-10：插入实例

```
<insert parameterType="role" id ="insertRole">
    insert into t_role(role_name, note) values(#{roleName}, #{note})
</insert>
```

4.3.2　主键回填和自定义

现实中有许多我们需要处理的问题，例如，主键自增字段；MySQL 里面的主键需要根据一些特殊的规则去生成，在插入后我们往往需要获得这个主键，以便于未来的操作，而 MyBatis 提供了实现的方法。

首先我们可以使用 keyProperty 属性指定哪个是主键字段，同时使用 useGeneratedKeys 属性告诉 MyBatis 这个主键是否使用数据库内置策略生成。

我们的例子中 t_role 表就是指定了 id 列为自增字段。因此我们建立 POJO，它能提供 setter 和 getter 方法，这样便能够使用 MyBatis 的主键回填功能了。

那么我们可以在 XML 中进行如代码清单 4-11 所示的配置。

代码清单 4-11：插入后自动返回主键

```
<insert id="insertRole" parameterType="role"
 useGeneratedKeys="true" keyProperty="id">
insert into t_role(role_name, note) values (#{roleName}, #{note})
</insert>
```

这样我们传入的 role 对象就无需设置 id 的值，MyBatis 会用数据库的设置进行处理。这样做的好处是在 MyBatis 插入的时候，它会回填 JavaBean 的 id 值。我们进行调试，在插入后，它自动填充主键，方便以后使用。

让我们测试一下这个功能，如代码清单 4-12 所示。

代码清单 4-12：主键回填测试

```
sqlSession = SqlSessionFactoryUtil.openSqlSession();
RoleMapper roleMapper = sqlSession.getMapper(RoleMapper.class);
Role role = new Role();
```

```
role.setRoleName("test4");
role.setRoleName("test4Note");
roleMapper.insertRole(role);
System.err.println(role.getId());
```

让我们看看调试的结果，如图 4-1 所示。

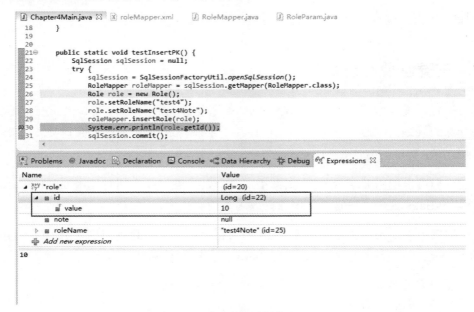

图 4-1　调试的结果

实际工作往往不是我们想象的那么简单，需要根据一些特殊的关系设置主键 id 的值。假设我们取消表 t_role 的 id 自增的规则，我们的要求是：如果表 t_role 没有记录，则我们需要设置 id=1，否则我们就取最大 id 加 2，来设置新的主键，对于一些特殊要求，MyBatis 也提供了应对方法。

这个时候我们可以使用 selectKey 元素进行处理，操作方法如代码清单 4-13 所示。

代码清单 4-13：使用自定义主键生成规则

```
<insert id ="insertRole" parameterType="role" useGeneratedKeys= "true"
keyProperty="id">
    <selectKey keyProperty="id" resultType="int" order="BEFORE">
        select if(max(id) is null, 1, max(id) + 2) as newId from t_role
    </selectKey>
    insert into t_role(id, role_name, note) values (#{id}, #{roleName},
```

```
#{note})
</insert>
```

这样我们就能定义自己的规则来生成主键了，MyBatis 的灵活性也得以体现。

4.4　update 元素和 delete 元素

这两个元素比较简单，所以我们放在一起讨论。和 insert 元素一样，MyBatis 执行完 update 元素和 delete 元素后会返回一个整数，标出执行后影响的记录条数。

让我们看看映射文件的配置方法，我们来配置更新和删除角色的 XML 文件，如代码清单 4-14 所示。

代码清单 4-14：更新和删除

```
<update parameterType="role" id ="updateRole">
update t_role set
role_name = #{roleName},
note = #{note}
Where id= #{id}
</update>

<delete id ="delete" parameterType="long">
    delete from t_role where id = #{id}
</delete>
```

我们所面对的大部分场景都和这相似，需要通过一个 JavaBean 插入一张表的记录或者根据主键删除记录，对于参数传递可以参考 select 元素传递参数的例子。插入和删除执行完成 MyBatis 会返回一个整数显示更新或删除了几条记录。

4.5　参数

虽然在 MyBatis 中参数大部分是像上面所描述的那样简单，但是我们还是有必要讨论一下参数的使用。我们可以通过制定参数的类型去让对应的 typeHandler 处理它们，如果你不记得 typeHandler 的用法，请复习下第 3 章。通过指定对应的 JdbcType、JavaType 我们可以明确使用哪个 typeHandler 去处理参数，或者制定一些特殊的东西，但是这里要强调的一点是：定义参数属性的时候，MyBatis 不允许换行！

4.5.1　参数配置

正如你们所看到的，我们可以传入一个简单的参数，比如 int、double 等，也可以传入 JavaBean，这些我们都讨论过。有时候我们需要处理一些特殊的情况，我们可以指定特定的类型，以确定使用哪个 typeHandler 处理它们，以便我们进行特殊的处理。

```
#{age,javaType=int,jdbcType=NUMERIC}
```

当然我们还可以指定用哪个 typeHandler 去处理参数。

```
#{age,javaType=int,jdbcType=NUMERIC,typeHandler=MyTypeHandler}
```

此外，我们还可以对一些数值型的参数设置其保存的精度。

```
#{price,javaType=double,jdbcType=NUMERIC,numericScale=2}
```

可见 MyBatis 映射器可以通过 EL 的功能帮助完成我们所需的多种功能，使用还是很方便的。

4.5.2　存储过程支持

对于存储过程而言，存在 3 种参数，输入参数（IN）、输出参数（OUT）、输入输出参数（INOUT）。MyBatis 的参数规则为其提供了良好的支持。我们通过制定 mode 属性来确定其是哪一种参数，它的选项有 3 种：IN、OUT、INOUT。当参数设置为 OUT，或者为 INOUT 的时候，正如你所希望的一样，MyBatis 会将存储过程返回的结果设置到你制定的参数中。当你返回的是一个游标（也就是我们制定 JdbcType=CURSOR）的时候，你还需要去设置 resultMap 以便 MyBatis 将存储过程的参数映射到对应的类型，这时 MyBatis 就会通过你所设置的 resuptMap 自动为你设置映射结果。

```
#{role,mode=OUT,jdbcType=CURSOR,javaType=ResultSet,resultMap=roleResultMap}
```

这里的 javaType 是可选的，即使你不指定它，MyBatis 也会自动检测它。

MyBatis 还支持一些高级特性，比如说结构体，但是当注册参数的时候，你就需要去指定语句类型的名称（jdbcTypeName），比方说下面的用法。

```
#{role,mode=OUT,jdbcType=STRUCT,jdbcTypeName=MY_TYPE,resultMap=droleResultMap}
```

在大部分的情况下 MyBatis 都会去推断你返回数据的类型，所以大部分情况下你都无需去配置参数类型和结果类型。要我们设置的往往只是可能返回为空的字段类型而已。因为 null 值，MyBatis 无法判断其类型。

```
#{roleNo}, #{roleName}, #{note, jdbcType=VARCHAR}
```

对于备注而言，可能是返回为空的，用 jdbcType=VARCHAR 明确告知 MyBatis，让它被 StringTypeHandler 处理即可。

这里我们暂时不给出调度过程和方法，我们会在第 9 章实用场景中对调度存储过程进行探讨，届时可以关注它们的使用。

4.5.3　特殊字符串替换和处理（#和$）

在 MyBatis 中，我们常常传递字符串，我们设置的参数#(name)在大部分的情况下 MyBatis 会用创建预编译的语句，然后 MyBatis 为它设值，而有时候我们需要的是传递 SQL 语句的本身，而不是 SQL 所需要的参数。例如，在一些动态表格（有时候经常遇到根据不同的条件产生不同的动态列）中，我们要传递 SQL 的列名，根据某些列进行排序，或者传递列名给 SQL 都是比较常见的场景，当然 MyBatis 也对这样的场景进行了支持，这些是 Hibernate 难以做到的。

例如，在程序中传递变量 columns=" col1, col2, col3... " 给 SQL，让其组装成为 SQL 语句。我们当然不想被 MyBatis 像处理普通参数一样把它设为 " col1, col2, col3... " ，那么我们就可以写成如下语句。

```
select ${columns} from t_tablename
```

这样 MyBatis 就不会帮我们转译 columns，而变为直出，而不是作为 SQL 的参数进行设置了。只是这样是对 SQL 而言是不安全的，MyBatis 给了你灵活性的同时，也需要你自己去控制参数以保证 SQL 运转的正确性和安全性。

4.6 sql 元素

sql 元素的意义，在于我们可以定义一串 SQL 语句的组成部分，其他的语句可以通过引用来使用它。例如，你有一条 SQL 需要 select 几十个字段映射到 JavaBean 中去，我的第二条 SQL 也是这几十个字段映射到 JavaBean 中去，显然这些字段写两遍不太合适。那么我们就用 sql 元素来完成，例如，插入角色，查询角色列表就可以这样定义，如代码清单 4-15 所示。

代码清单 4-15：sql 元素的使用

```
<sql id="role_columns">
    id, role_name, note
</sql>
<select parameterType="long"id="getRole" resultMap = "roleMap" >
    select <include refid="role_columns"/> from t_role where id =#{id}
</select>
<select parameterType="map" id ="findRoles">
    select id, role_name, note from t_role
    where role_name like concat('%', #{roleName}, '%')
    and note like concat('%', #{note}, '%')
</select>
```

这里我们用 sql 元素定义了 role_columns，它可以很方便地使用 include 元素的 refid 属性进行引用，从而达到重用的功能。上面只是一个简单的例子，在真实环境中我们也可以制定参数来使用它们，如代码清单 4-16 所示。

代码清单 4-16：制定参数

```
<sql id="role_columns">
    #{prefix}.role_no, #{prefix}.role_name, #{prefix}.note
</sql>
<select parameterType="string" id="getRole" resultMap = "roleResultMap" >
    select
        <include refid="role_columns">
            <property name="prefix" value="r"/>
        </include>
    from t_role r where role_no =#{roleNo}
</select>
```

这样就可以给 MyBatis 加入参数，我们还可以这样给 refid 一个参数值，由程序制定引入 SQL，如代码清单 4-17 所示。

代码清单 4-17：使用 refid

```
<sql id="someinclude">
select * from <include refid="${tableName}"/>
</sql>
```

这样就可以实现一处定义多处引用，大大减少了工作量。

4.7　resultMap 结果映射集

resultMap 是 MyBatis 里面最复杂的元素。它的作用是定义映射规则、级联的更新、定制类型转化器等。不过不用担心，路还是需要一步步走的，让我们先从最简单的功能开始了解它。resultMap 定义的主要是一个结果集的映射关系。MyBatis 现有的版本只支持 resultMap 查询，不支持更新或者保存，更不必说级联的更新、删除和修改了。

4.7.1　resultMap 元素的构成

resultMap 元素里面还有以下元素，如代码清单 4-18 所示。

代码清单 4-18：resultMap 元素里的元素

```
<resultMap>
    <constructor >
        <idArg/>
        <arg/>
    </constructor>
    <id/>
    <result/>
    <association/>
    <collection/>
    <discriminator>
        <case/>
    </discriminator>
</resultMap>
```

其中 constructor 元素用于配置构造方法。一个 POJO 可能不存在没有参数的构造方法，这个时候我们就可以使用 constructor 进行配置。假设角色类 RoleBean 不存在没有参数的构造方法，它的构造方法声明为 public RoleBean(Integer id, String roleName)，那么我们需要配置这个结果集，如代码清单 4-19 所示。

代码清单 4-19：resultMap 使用构造方法 constructor

```
<resultMap ......>
    <constructor >
        <idArg column="id" javaType="int"/>
        <arg column="role_name" javaType="string"/>
    </constructor>
......
</resultMap>
```

这样 MyBatis 就知道需要用这个构造方法来构造 POJO 了。

id 元素是表示哪个列是主键，允许多个主键，多个主键则称为联合主键。result 是配置 POJO 到 SQL 列名的映射关系。这里的 result 和 id 两个元素都有如表 4-5 所示的属性。

表 4-5　result 元素和 id 元素的属性

元素名称	说　　明	备　　注
property	映射到列结果的字段或属性。如果 POJO 的属性匹配的是存在的，和给定 SQL 列名（column 元素）相同的，那么 MyBatis 就会映射到 POJO 上	可以使用导航式的字段，比如访问一个学生对象（Student）需要访问学生证（selfcard）的发证日期（issueDate），那么我们可以写成 selfcard.issueDate
column	这里对应的是 SQL 的列	—
javaType	配置 Java 的类型	可以是特定的类完全限定名或者 MyBatis 上下文的别名
jdbcType	配置数据库类型	这是一个 JDBC 的类型，MyBatis 已经为我们做了限定，基本支持所有常用的数据库类型
typeHandler	类型处理器	允许你用特定的处理器来覆盖 MyBatis 默认的处理器。这就要制定 jdbcType 和 javaType 相互转化的规则

此外还有 association、collection 和 discriminator 这些元素，我们将在级联那里详细讨论它们的运用方法。

4.7.2　使用 map 存储结果集

一般而言，任何的 select 语句都可以使用 map 存储，如代码清单 4-20 所示。

代码清单 4-20：使用 map 作为存储结果

```
<select id="findColorByNote" parameterType="string" resultType="map">
      select id, color, note from t_color where note like concat('%', #{note},
'%')
</select>
```

使用 map 原则上是可以匹配所有结果集的，但是使用 map 接口就意味着可读性的下降，所以这不是一种推荐的方式。更多的时候我们使用的是 POJO 的方式。

4.7.3　使用 POJO 存储结果集

使用 map 方式就意味着可读性的丢失。POJO 是我们最常用的方式，也是我们推荐的方式。一方面我们可以使用自动映射，正如 select 语句里论述的一样。我们还可以使用 select 语句的属性 resultMap 配置映射集合，只是使用前需要配置类似的 resultMap，如代码清单 4-21 所示。

代码清单 4-21：配置 resultMap

```
<resultMap id="roleResultMap" type="com.learn.chapter4.pojo.Role">
    <id property="id" column="id" />
    <result property="roleName" column="role_name"/>
    <result property="note" column="note"/>
</resultMap>
```

resultMap 元素的属性 id 代表这个 resultMap 的标识，type 代表着你需要映射的 POJO。我们可以使用 MyBatis 定义好的类的别名，也可以使用自定义的类的全限定名。

映射关系中，id 元素表示这个对象的主键，property 代表着 POJO 的属性名称，column 表示数据库 SQL 的列名，于是 POJO 就和数据库 SQL 的结果一一对应起来了。接着我们在映射文件中的 select 元素里面做如代码清单 4-22 所示的配置，便可以使用了。

代码清单 4-22：使用定义好的 resultMap

```
<select parameterType= "long "id="getRole" resultMap = "roleResultMap" >
      select id, role_name, note from t_role where id =#{id }
</select>
```

我们可以发现 SQL 语句的列名和 roleResultMap 的 column 是一一对应的。使用 XML 配置的结果集，我们还可以配置 typeHandler、javaType、jdbcType，但是这条语句配置了 resultMap 就不能再配置 resultType 了。

4.7.4　级联

在数据库中包含着一对多、一对一的关系，比方说一个角色可以分配给多个用户，也可以只分配给一个用户。有时候我们希望角色信息和用户信息一起显示出来，这个是很常见的场景，所以会经常遇见这样的 SQL，如代码清单 4-23 所示。

代码清单 4-23：查询角色包含用户 SQL

```
Select r.*, u.* from t_role r inner join t_user_role ur
on r.id = ur.id inner join t_user u on ur.user_id = u.id
where r.id = #{id}
```

这里的查询是把角色和用户的信息都查询出来，我们希望的是在角色的信息中多一个属性，即 List<UserBean> userList 这样取出 Role 的同时也可以访问到它下面的用户了。我们把这样的情况叫作级联。

在级联中存在 3 种对应关系。其一，一对多的关系，如角色与用户的关系。举个通俗的例子，一家软件公司存在许多软件工程师，公司和软件工程师就是一对多的关系。其二，一对一的关系。例如，每个软件工程师都有一个编号（ID），这是它在软件公司的标识，它与工程师是一对一的关系。其三，多对多的关系。例如，有些公司一个角色可以对应多个用户，但是一个用户也可以兼任多个角色。通俗而言，一个人可以既是总经理，同时也是技术总监，而技术总监这个职位可以对应多个人，这就是多对多的关系。

在实际中，多对多的关系应用不多，因为它比较复杂，会增加理解和关联的复杂度。推荐的方法是，用一对多的关系把它分解为双向关系，以降低关系的复杂度，简化程序。有时候我们也需要鉴别关系，比如我们去体检，男女有别，男性和女性的体检项目并不完全一样，如果让男性去检查妇科项目，就会闹出笑话来。

所以在 MyBatis 中级联分为这么 3 种：association、collection 和 discriminator，下面分别介绍下。

- association，代表一对一关系，比如中国公民和身份证是一对一的关系。
- collection，代表一对多关系，比如班级和学生是一对多的关系，一个班级可以有多个学生。

- discriminator，是鉴别器，它可以根据实际选择采用哪个类作为实例，允许你根据特定的条件去关联不同的结果集。比如，人有男人和女人。你可以实例化一个人的对象，但是要根据情况用男人类或者用女人类去实例化。

为了方便讲解，我们来建这样一系列数据库表，它们的模型关系，如图 4-2 所示，我们将以这个例子来讲解 MyBatis 的 resultMap 的级联。

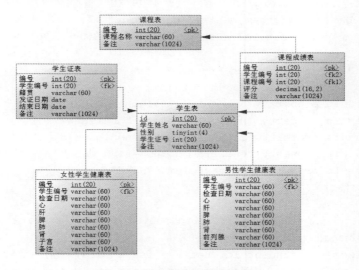

图 4-2　学生信息级联模型关系

学生信息级联模型关系是一个多种类型关联关系，包含了上述的 3 种情况，其中学生表是我们关注的中心，学生证表和它是一对一的关联关系；而学生表和课程成绩表是一对多的关系，一个学生可能有多门课程；课程表和课程成绩表也是一对多的关系；学生有男有女，而健康项目也有所不一，所以女性学生和男性学生的健康表也会有所不同，这些是根据学生的性别来决定的，而鉴别学生性别的就是鉴别器，本书的附录 A 部分给出了对应的建表语句 SQL。

4.7.4.1　association 一对一级联

实际操作中，首先我们需要确定对象的关系。仍然以　学生信息级联为例，在学校里面学生（Student）和学生证（Selfcard）是一对一的关系，因此，我们建立一个 StudentBean 和 StudentSelfcardBean 的 POJO 对象。那么在 Student 的 POJO 我们就应该有一个类型为 StudentSelfcardBean 的属性 studentSelfcard，这样便形成了级联。

这时候我们需要建立 Student 的映射器 StudentMapper 和 StudentSelfcard 的映射器 StudentSelfcardMapper。而在 StudentSelfcardMapper 里面我们提供了一个 findStudentSelfcard ByStudentId 的方法，如代码清单 4-24 所示。

代码清单 4-24：StudentSelfcardMapper 映射器

```xml
<?xml version="1.0" encoding="UTF-8" ?>
<!DOCTYPE mapper
  PUBLIC "-//mybatis.org//DTD Mapper 3.0//EN"
"http://mybatis.org/dtd/mybatis-3-mapper.dtd">
<mapper namespace="com.learn.chapter4.mapper.StudentSelfcardMapper">
    <resultMap                            id="studentSelfcardMap"
type="com.learn.chapter4.po.StudentSelfcardBean">
        <id property="id" column="id"/>
        <result property="studentId" column="student_id"/>
        <result property="native_" column="native"/>
        <result property="issueDate" column="issue_date"/>
        <result property="endDate" column="end_date"/>
        <result property="note" column="note"/>
    </resultMap>

    <select    id="findStudentSelfcardByStudentId"    parameterType="int"
resultMap="studentSelfcardMap">
        select id, student_id, native, issue_date, end_date, note
        from t_student_selfcard where student_id = #{studentId}
    </select>
</mapper>
```

有了以上代码，我们将可以在 StudentMapper 里面使用 StudentSelfcardMapper 进行级联，如代码清单 4-25 所示。

代码清单 4-25：StudentMapper 使用 StudentSelfcardMapper 进行级联

```xml
<?xml version="1.0" encoding="UTF-8" ?>
<!DOCTYPE mapper
  PUBLIC "-//mybatis.org//DTD Mapper 3.0//EN"
  "http://mybatis.org/dtd/mybatis-3-mapper.dtd">
<mapper namespace="com.learn.chapter4.mapper.StudentMapper">
    <resultMap id="studentMap" type="com.learn.chapter4.po.StudentBean">
        <id property="id" column="id" />
        <result property="cnname" column="cnname"/>
        <result property="sex" column="sex" jdbcType="INTEGER"
```

```
                javaType="com.learn.chapter4.enums.SexEnum"

typeHandler="com.learn.chapter4.typehandler.SexTypeHandler"/>
        <result property="note" column="note"/>
        <association property="studentSelfcard" column ="id" select =
"com.learn.chapter4.mapper.StudentSelfcardMapper.findStudentSelfcardBySt
udentId"/>
    </resultMap>
    <select id="getStudent" parameterType="int" resultMap="studentMap">
        select id, cnname, sex, note from t_student where id =#{id}
    </select>
</mapper>
```

请看上面加粗的代码，这是通过一次关联来处理问题。其中 select 元素由指定的 SQL 去查询，而 column 则是指定传递给 select 语句的参数。这里是 StudentBean 对象的 id。当取出 Student 的时候，MyBatis 就会知道用下面的 SQL 取出我们需要的级联信息。

```
com.learn.chapter4.mapper.StudentSelfcardMapper.findStudentSelfcardByStu
dentId
```

其中参数是 Student 的 id 值，通过 column 配置，如果是多个参数，则使用逗号分隔。让我们测试一下代码，如代码清单 4-26 所示。

代码清单 4-26：测试 association 级联

```
SqlSession sqlSession = null;
try {
    sqlSession = SqlSessionFactoryUtil.openSqlSession();
    StudentMapper stuMapper = sqlSession.getMapper(StudentMapper.class);
    StudentBean stu = stuMapper.getStudent(1);
} finally {
    if (sqlSession != null) {
        sqlSession.close();
    }
}
```

接下来运行这个程序打印日志。

```
......
DEBUG 2016-03-16 14:52:18,739 org.apache.ibatis.transaction.jdbc.JdbcTransaction:
```

```
Setting autocommit to false on JDBC Connection [com.mysql.jdbc.JDBC4
Connection@6e0e048a]
DEBUG 2016-03-16 14:52:18,739 org.apache.ibatis.logging.jdbc.BaseJdbcLogger:
==> Preparing: select id, cnname, sex, note from t_student where id =?
DEBUG 2016-03-16 14:52:18,776 org.apache.ibatis.logging.jdbc.BaseJdbcLogger:
==> Parameters: 1(Integer)
DEBUG 2016-03-16 14:52:18,797 org.apache.ibatis.logging.jdbc.BaseJdbcLogger:
====> Preparing: select id, student_id, native, issue_date, end_date, note
from t_student_selfcard where student_id = ?
DEBUG    2016-03-16    14:52:18,807    org.apache.ibatis.logging.jdbc.
BaseJdbcLogger: ====> Parameters: 1(Integer)
DEBUG 2016-03-16 14:52:18,814 org.apache.ibatis.logging.jdbc.BaseJdbcLogger:
<====    Total: 1
DEBUG 2016-03-16 14:52:18,815 org.apache.ibatis.logging.jdbc.BaseJdbcLogger:
<==    Total: 1
DEBUG 2016-03-16 14:52:18,816 org.apache.ibatis.transaction.jdbc.JdbcTransaction:
Resetting autocommit to true on JDBC Connection [com.mysql.jdbc.JDBC4
Connection@6e0e048a]
......
```

我们看到了整个执行的过程，它先查询出 Student 的信息，然后根据其 id 查询出学生证的信息，而参数是 StudentBean 对象的 id 值。这样当我们查找到了 Student 的时候，便能把其学生证的信息也同时取到，这便是一对一的级联。

4.7.4.2 collection 一对多级联

这是一个一对多的级联，一个学生可能有多门课程，在学生确定的前提下每一门课程都会有自己的分数，所以每一个学生的课程成绩只能对应一门课程。所以这里有两个级联，一个是学生和课程成绩的级联，这是一对多的关系；一个是课程成绩和课程的级联，这是一对一的关系。一对一的级联我们使用的是 association，而一对多的级联我们使用的是 collection。

这个时候我们需要建立一个 LectureBean 的 POJO 来记录课程，而学生课程表则建立一个 StudentLectureBean 来记录成绩，里面有一个类型为 LectureBean 属性的 lecture，用来记录学生成绩，操作方法如代码清单 4-27 所示。

代码清单 4-27：LectureBean 和 StudentLectureBean 设计

```
public class LectureBean {
    private Integer id;
```

```
    private String lectureName;
    private String note;
    ......setter and getter......
}
##########################################################
public class StudentLectureBean {
    private int id;
    private Integer studentId;
    private LectureBean lecture;
    private BigDecimal grade;
    private String note;
    ......setter and getter......
}
```

StudentLectureBean 包含一个 lecture 属性用来读取的课程信息，用 4.7.4.1 节的 association 做一对一级联即可。为了能够读入到 StudentBean 里，我们需要在 StudentBean 里面增加一个类型为 List<StudentLectureBean>的属性 studentLectureList，用来保存学生课程成绩信息。这个时候我们需要使用 collection 级联，如代码清单 4-28 所示。

代码清单 4-28：使用 collection 做一对多级联

```
#################StudentMapper.xml###################
<?xml version="1.0" encoding="UTF-8" ?>
<!DOCTYPE mapper
  PUBLIC "-//mybatis.org//DTD Mapper 3.0//EN"
  "http://mybatis.org/dtd/mybatis-3-mapper.dtd">
<mapper namespace="com.learn.chapter4.mapper.StudentMapper">
    <resultMap id="studentMap" type="com.learn.chapter4.po.StudentBean">
        <id property="id" column="id" />
        <result property="cnname" column="cnname"/>
        <result property="sex" column="sex" jdbcType="INTEGER"
            javaType="com.learn.chapter4.enums.SexEnum"

typeHandler="com.learn.chapter4.typehandler.SexTypeHandler"/>
        <result property="note" column="note"/>
        <association property="studentSelfcard" column ="id" select =
"com.learn.chapter4.mapper.StudentSelfcardMapper.findStudentSelfcardBySt
udentId"/>
        <collection property="studentLectureList" column="id" select =
"com.learn.chapter4.mapper.StudentLectureMapper.findStudentLectureByStuI
d"/>
    </resultMap>
```

```xml
    <select id="getStudent" parameterType="int" resultMap="studentMap">
        select id, cnname, sex, note from t_student where id =#{id}
    </select>
</mapper>
```

###################StudentLectureMapper.xml#########################

```xml
<?xml version="1.0" encoding="UTF-8" ?>
<!DOCTYPE mapper
  PUBLIC "-//mybatis.org//DTD Mapper 3.0//EN"
"http://mybatis.org/dtd/mybatis-3-mapper.dtd">
<mapper namespace="com.learn.chapter4.mapper.StudentLectureMapper">
    <resultMap      id="studentLectureMap"      type="com.learn.chapter4.po.
StudentLectureBean">
        <id property="id" column="id" />
        <result property="studentId" column="student_id"/>
        <result property="grade" column="grade"/>
        <result property="note" column="note"/>
        <association      property="lecture"      column    ="lecture_id"
select="com.learn.chapter4.mapper.LectureMapper.getLecture"/>
    </resultMap>
    <select id="findStudentLectureByStuId" parameterType="int" resultMap
="studentLectureMap">
        select id, student_id, lecture_id, grade, note from t_student_lecture
where student_id = #{id}
    </select>
</mapper>
```

###################LectureMapper.xml##################################

```xml
<?xml version="1.0" encoding="UTF-8" ?>
<!DOCTYPE mapper
  PUBLIC "-//mybatis.org//DTD Mapper 3.0//EN"
"http://mybatis.org/dtd/mybatis-3-mapper.dtd">
<mapper namespace="com.learn.chapter4.mapper.LectureMapper">
    <select  id="getLecture"  parameterType="int"  resultType="com.learn.
chapter4.po.LectureBean">
    select id, lecture_name as lectureName, note from t_lecture where id
=#{id}
    </select>
</mapper>
```

我们看到 StudentMapper.xml 用 collection 去关联 StudentLectureBean，其中 column 对应 SQL 的列名，这里是用 id，属性是 Student 的 studentLectureList，而配置的 select 为 com.learn.chapter4.mapper.StudentLectureMapper.findStudentLectureByStuId，那么 MyBatis 就会启用这条语句来加载数据。我们用 StudentLectureBean 去级联 LectureBean 信息，它使用了列 lecture_id 作为参数，用对应的 select 语句进行加载。

我们可以测试一下结果，如代码清单 4-29 所示。

代码清单 4-29：测试一对多级联 collection

```
Logger logger = Logger.getLogger(Chapter4Main.class);
SqlSession sqlSession =null;
try {
    sqlSession = SqlSessionFactoryUtil.openSqlSession();
    StudentMapper studentMapper = sqlSession.getMapper(StudentMapper.class);
    StudentBean student = studentMapper.getStudent(1);
    logger.info(student.getStudentSelfcard().getNative_());
    StudentLectureBean studentLecture = student.getStudentLectureList().get(0);
    LectureBean lecture = studentLecture.getLecture();
    logger.info(student.getCnname() + "\t" + lecture.getLectureName()
     + "\t" + studentLecture.getGrade());
} finally {
    if (sqlSession != null) {
        sqlSession.close();
    }
}
```

这样我们就可以看到代码运行的日志了：

```
......
DEBUG 2016-03-16 16:06:02,811 org.apache.ibatis.transaction.jdbc.JdbcTransaction:
Setting autocommit to false on JDBC Connection [com.mysql.jdbc.JDBC4Conne
ction@43814d18]
DEBUG 2016-03-16 16:06:02,815 org.apache.ibatis.logging.jdbc.BaseJdbcLogger:
==> Preparing: select id, cnname, sex, note from t_student where id =?
DEBUG 2016-03-16 16:06:02,846 org.apache.ibatis.logging.jdbc.BaseJdbcLogger: ==>
Parameters: 1(Integer)
DEBUG 2016-03-16 16:06:02,878 org.apache.ibatis.logging.jdbc.BaseJdbcLogger:
====> Preparing: select id, student_id, native, issue_date, end_date, note
from t_student_selfcard where student_id = ?
```

```
DEBUG 2016-03-16 16:06:02,878 org.apache.ibatis.logging.jdbc.BaseJdbcLogger:
====> Parameters: 1(Integer)
DEBUG 2016-03-16 16:06:02,888 org.apache.ibatis.logging.jdbc.BaseJdbcLogger:
<====        Total: 1
DEBUG 2016-03-16 16:06:02,888 org.apache.ibatis.logging.jdbc.BaseJdbcLogger:
====>   Preparing:  select  id,  student_id,  lecture_id,  grade,  note  from
t_student_lecture where student_id = ?
DEBUG 2016-03-16 16:06:02,888 org.apache.ibatis.logging.jdbc.BaseJdbcLogger:
====> Parameters: 1(Integer)
DEBUG 2016-03-16 16:06:02,888 org.apache.ibatis.logging.jdbc.BaseJdbcLogger:
======> Preparing: select id, lecture_name as lectureName, note from t_lecture
where id =?
DEBUG 2016-03-16 16:06:02,888 org.apache.ibatis.logging.jdbc.BaseJdbcLogger:
======> Parameters: 1(Integer)
DEBUG 2016-03-16 16:06:02,888 org.apache.ibatis.logging.jdbc.BaseJdbcLogger:
<======      Total: 1
DEBUG 2016-03-16 16:06:02,888 org.apache.ibatis.logging.jdbc.BaseJdbcLogger:
<====        Total: 1
DEBUG 2016-03-16 16:06:02,888 org.apache.ibatis.logging.jdbc.BaseJdbcLogger:
<==      Total: 1
 INFO 2016-03-16 16:06:02,888 com.learn.chapter4.main.Chapter4Main: 广西南宁
 INFO 2016-03-16 16:06:02,888 com.learn.chapter4.main.Chapter4Main: learn
    高数上    92.00
```

.....

我们打出了学生课程成绩信息，代码运行成功了。我们成功地从学生成绩表里取出了对应的学生成绩，而通过学生成绩表里面的课程 id，获得了课程的信息。

4.7.4.3　discriminator 鉴别器级联

鉴别器级联是在特定的条件下去使用不同的 POJO。比如本例中要了解学生的健康情况，如果是男生总不能去了解他的女性生理指标，这样会闹出笑话来的，同样去了解女生的男性生理指标也是个笑话。这个时候我们就需要用鉴别器了。

我们可以根据学生信息中的性别属性进行判断去关联男性的健康指标或者是女性的健康指标，然后进行关联即可，在 MyBatis 中我们采用的是鉴别器 discriminator，由它来处理这些需要鉴别的场景，它相当于 Java 语言中的 switch 语句。让我们看看它是如何实现的。首先，我们需要新建两个健康情况的 POJO，即 StudentHealthMaleBean 和 StudentHealth

FemaleBean，分别存储男性和女性的基础信息，因此我们有了两个 StudtentBean 的子类：MaleStudentBean 和 FemeleStudentBean，让我们先看看它们的设计，如代码清单 4-30 所示。

代码清单 4-30：男女学生类设计

```
/****男学生****/
public class MaleStudentBean extends StudentBean {
private List<StudentHealthMaleBean> studentHealthMaleList = null;
/*****setter and getter*****/
}
/****女学生****/
public class FemaleStudentBean extends StudentBean {

private List<StudentHealthFemaleBean> studentHealthFemaleList = null;
/*****setter and getter*****/
}
```

然后，鉴别是男学生还是女学生。因此，我们找学生信息就要根据 StudentBean 的属性 sex 来确定是使用男学生（MaleStudentBean）还是女学生（FemaleStudentBean）的对象了。下面让我们看看如何使用 discriminator 级联来完成这个功能，如代码清单 4-31 所示。

代码清单 4-31：discriminator 的使用

```
<?xml version="1.0" encoding="UTF-8" ?>
<!DOCTYPE mapper
  PUBLIC "-//mybatis.org//DTD Mapper 3.0//EN"
  "http://mybatis.org/dtd/mybatis-3-mapper.dtd">
<mapper namespace="com.learn.chapter4.mapper.StudentMapper">
    <resultMap id="studentMap" type="com.learn.chapter4.po.StudentBean">
        <id property="id" column="id" />
        <result property="cnname" column="cnname" />
        <result property="sex" column="sex" jdbcType="INTEGER"
            javaType="com.learn.chapter4.enums.SexEnum"
typeHandler="com.learn.chapter4.typehandler.SexTypeHandler" />
        <result property="note" column="note" />
        <association property="studentSelfcard" column="id"

    select="com.learn.chapter4.mapper.StudentSelfcardMapper.findStudentS
elfcardByStudentId" />
        <collection property="studentLectureList" column="id"

    select="com.learn.chapter4.mapper.StudentLectureMapper.findStudentLe
```

```
ctureByStuId" />
        <discriminator javaType="int" column="sex">
            <case value="1" resultMap="maleStudentMap" />
            <case value="2" resultMap="femaleStudentMap" />
        </discriminator>
    </resultMap>

    <select id="getStudent" parameterType="int" resultMap="studentMap">
        select id, cnname, sex, note from t_student where id =#{id}
    </select>

    <resultMap id="maleStudentMap" type="com.learn.chapter4.po.MaleStudentBean"
extends="studentMap">
        <collection  property="studentHealthMaleList"  select="com.learn.
chapter4.mapper.StudentHealthMaleMapper.findStudentHealthMaleByStuId"
column="id" />
    </resultMap>

    <resultMap     id="femaleStudentMap"      type="com.learn.chapter4.po.
FemaleStudentBean" extends="studentMap">
        <collection property="studentHealthFemaleList" select="com.learn.
chapter4.mapper.StudentHealthFemaleMapper.findStudentHealthFemaleByStuId
" column="id" />
    </resultMap>
</mapper>
```

好了，大段的代码忽略吧，让我们看看加粗的代码。首先我们定义了一个 discriminator 元素，它对应的列（column）是 sex，对应的 java 类型（jdbcType）为 int，所以才有了下面这行代码。

```
<discriminator javaType="int" column="sex">
```

接着，我们配置了 case，这里类似 switch 语句。这样我们就可以在 case 里面引入 resultMap。当 sex=1（男性）时，引入的是 maleStudentMap；当 sex=2（女性）时，引入的是 femaleStudentMap，然后我们分别对这两个 resultMap 进行定义。

这两个 resultMap 的定义是大同小异，它们都扩展了原有的 studentMap，所以有了下面这行代码。

```
extends="studentMap"
```

正如类的继承关系一样，resultMap 也可以继承，再加入自己的属性。男学生是 studentHealthMaleList，女学生是 studentHealthFemaleList，它们都通过一对多的方式进行关联。

这样配置的结果就是当 Student 表中 sex=1 时，使用 MaleStudentBean 去匹配结果，然后使用 maleStudentMap 中配置的 collection 去获取对应的男学生的健康指标；同样，当 sex=2 时，使用 FemaleStudentBean 去匹配结果，然后用 femaleStudentMap 配置的 collection 去获取女学生的健康指标。只是无论性别如何，他们都是学生，因为 MaleStudentBean 和 FemaleStudentBean 都属于 StudentBean。

与男女学生的健康情况相关的 Bean 和 Mapper 都很简单，这里限于篇幅就不赘述了，请读者自己试一试。

让我们测试一下这个级联，代码清单 4-26 并不需要修改，运行结果如下。

```
......
DEBUG 2016-03-16 17:52:56,875 org.apache.ibatis.transaction.jdbc. JdbcTransaction:
Setting autocommit to false on JDBC Connection [com.mysql.jdbc.JDBC4C
onnection@50b494a6]
DEBUG 2016-03-16 17:52:56,875 org.apache.ibatis.logging.jdbc. BaseJdbcLogger:
==> Preparing: select id, cnname, sex, note from t_student where id =?
DEBUG 2016-03-16 17:52:56,927 org.apache.ibatis.logging.jdbc. BaseJdbcLogger:
==> Parameters: 1(Integer)
DEBUG 2016-03-16 17:52:56,949 org.apache.ibatis.logging.jdbc.BaseJdbcLogger:
====> Preparing: SELECT id, student_id as studentId, check_date as checkDate,
heart, liver, spleen, lung, kidney, prostate, note FROM t_student_health_male
where student_id = ?
DEBUG 2016-03-16 17:52:56,949 org.apache.ibatis.logging.jdbc.BaseJdbcLogger:
====> Parameters: 1(Integer)
DEBUG 2016-03-16 17:52:56,949 org.apache.ibatis.logging.jdbc.BaseJdbcLogger:
<====    Total: 1
DEBUG 2016-03-16 17:52:56,949 org.apache.ibatis.logging.jdbc.BaseJdbcLogger:
====> Preparing: select id, student_id, native, issue_date, end_date, note
from t_student_selfcard where student_id = ?
DEBUG 2016-03-16 17:52:56,949 org.apache.ibatis.logging.jdbc.BaseJdbcLogger:
====> Parameters: 1(Integer)
```

```
DEBUG 2016-03-16 17:52:56,959 org.apache.ibatis.logging.jdbc.BaseJdbcLogger:
<====      Total: 1
DEBUG 2016-03-16 17:52:56,959 org.apache.ibatis.logging.jdbc.BaseJdbcLogger:
====>  Preparing: select id, student_id, lecture_id, grade, note from
t_student_lecture where student_id = ?
DEBUG 2016-03-16 17:52:56,959 org.apache.ibatis.logging.jdbc.BaseJdbcLogger:
====> Parameters: 1(Integer)
DEBUG 2016-03-16 17:52:56,969 org.apache.ibatis.logging.jdbc.BaseJdbcLogger:
======>  Preparing: select id, lecture_name as lectureName, note from
t_lecture where id =?
DEBUG 2016-03-16 17:52:56,969 org.apache.ibatis.logging.jdbc.BaseJdbcLogger:
======> Parameters: 1(Integer)
DEBUG 2016-03-16 17:52:56,969 org.apache.ibatis.logging.jdbc.BaseJdbcLogger:
<======      Total: 1
DEBUG 2016-03-16 17:52:56,969 org.apache.ibatis.logging.jdbc.BaseJdbcLogger:
<====      Total: 1
DEBUG 2016-03-16 17:52:56,969 org.apache.ibatis.logging.jdbc.BaseJdbcLogger:
<==      Total: 1
 INFO 2016-03-16 17:52:56,969 com.learn.chapter4.main.Chapter4Main: 广西南
宁
 INFO 2016-03-16 17:52:56,969 com.learn.chapter4.main.Chapter4Main: learn
    高数上    92.00
......
```

4.7.4.4 性能分析和 N+1 问题

级联的优势是能够方便快捷地获取数据。比如学生和学生成绩信息往往是最常用关联的信息，这个时候级联是完全有必要的。多层关联时，建议超过三层关联时尽量少用级联，因为不仅用处不大，而且会造成复杂度的增加，不利于他人的理解和维护。同时级联时也存在一些劣势。有时候我们并不需要获取所有的数据。例如，我只对学生课程和成绩感兴趣，我就不用取出学生证和健康情况表了。因为取出学生证和健康情况表不但没有意义，而且会多执行几条 SQL，导致性能下降。我们可以使用代码去取代它。

级联还有更严重的问题，假设有表关联到 Student 表里面，那么可以想象，我们还要增加级联关系到这个结果集里，那么级联关系将会异常复杂。如果我们采取类似默认的场景那么有一个关联我们就要多执行一次 SQL，正如我们上面的例子一样，每次取一个 Student 对象，那么它所有的信息都会被取出来，这样会造成 SQL 执行过多导致性能下降，这就是 N+1 的问题，为了解决这个问题我们应该考虑采用延迟加载的功能。

4.7.4.5　延迟加载

为了处理 N+1 的问题，MyBatis 引入了延迟加载的功能，延迟加载功能的意义在于，一开始并不取出级联数据，只有当使用它了才发送 SQL 去取回数据。正如我们的例子，我开始取出学生的情况，但是当前并未取出学生成绩和学生证信息。此时我对学生成绩感兴趣，于是我访问学生成绩，这个时候 MyBatis 才会去发送 SQL 去取出学生成绩的信息。这是一个按需取数据的样例。这才是符合我们需要的场景。

在 MyBatis 的配置中有两个全局的参数 lazyLoadingEnabled 和 aggressiveLazy Loading。lazyLoadingEnabled 的含义是是否开启延迟加载功能。aggressiveLazyLoading 的含义是对任意延迟属性的调用会使带有延迟加载属性的对象完整加载；反之，每种属性将按需加载。lazyLoadingEnabled 是好理解的，而 aggressiveLazyLoading 则不是那么好理解了，别担心，它们很有趣，我们将在下面讨论它们，这样读者便能理解它们的机制了。下面我们将以代码清单 4-32 作为例子进行延迟加载的测试工作。

代码清单 4-32：测试延迟加载

```
sqlSession = SqlSessionFactoryUtil.openSqlSession();
StudentMapper studentMapper = sqlSession.getMapper(StudentMapper.class);
StudentBean student = studentMapper.getStudent(1);
student.getStudentLectureList();
```

此时让我们配置它们：settings 元素里面的 lazyLoadingEnabled 值开启延迟加载，使得关联属性都按需加载，而不自动加载。要知道在默认的情况下它是即时加载的，一旦关联多，那将造成不少性能问题啊！为了改变它，我们可以把 MyBatis 文件的内容配置为延迟加载，如代码清单 4-33 所示。

代码清单 4-33：把 MyBatis 配置文件从默认改为延迟加载

```
<settings>
  ......
  <setting name="lazyLoadingEnabled" value="true"/>
  ......
</settings>
```

此时再运行一下代码清单 4-28，我们便可以看到下面的结果了。

```
.......
DEBUG    2016-03-23    14:25:28,390    org.apache.ibatis.datasource.pooled.
```

```
PooledDataSource: Created connection 671046933.
DEBUG      2016-03-23      14:25:28,392      org.apache.ibatis.logging.jdbc.
BaseJdbcLogger: ==> Preparing: select id, cnname, sex, note from t_student
where id =?
DEBUG      2016-03-23      14:25:28,426      org.apache.ibatis.logging.jdbc.
BaseJdbcLogger: ==> Parameters: 1(Integer)
DEBUG      2016-03-23      14:25:28,513      org.apache.ibatis.logging.jdbc.
BaseJdbcLogger: ====> Preparing: SELECT id, student_id as studentId,
check_date as checkDate, heart, liver, spleen, lung, kidney, prostate, note
FROM t_student_health_male where student_id = ?
DEBUG      2016-03-23      14:25:28,514      org.apache.ibatis.logging.jdbc.
BaseJdbcLogger: ====> Parameters: 1(Integer)
DEBUG      2016-03-23      14:25:28,516      org.apache.ibatis.logging.jdbc.
BaseJdbcLogger: <====      Total: 1
DEBUG      2016-03-23      14:25:28,532      org.apache.ibatis.logging.jdbc.
BaseJdbcLogger: <==      Total: 1
DEBUG      2016-03-23      14:25:34,693      org.apache.ibatis.logging.jdbc.
BaseJdbcLogger: ==> Preparing: select id, student_id, lecture_id, grade,
note from t_student_lecture where student_id = ?
DEBUG      2016-03-23      14:25:34,694      org.apache.ibatis.logging.jdbc.
BaseJdbcLogger: ==> Parameters: 1(Integer)
DEBUG      2016-03-23      14:25:34,716      org.apache.ibatis.logging.jdbc.
BaseJdbcLogger: <==      Total: 1
DEBUG      2016-03-23      14:25:34,718      org.apache.ibatis.logging.jdbc.
BaseJdbcLogger: ==> Preparing: select id, student_id, native, issue_date,
end_date, note from t_student_selfcard where student_id = ?
DEBUG      2016-03-23      14:25:34,718      org.apache.ibatis.logging.jdbc.
BaseJdbcLogger: ==> Parameters: 1(Integer)
DEBUG      2016-03-23      14:25:34,724      org.apache.ibatis.logging.jdbc.
BaseJdbcLogger: <==      Total: 1
......
```

我们从日志中可以知道，当访问学生信息的时候，我们已经把其健康的情况也查找出来了；当我们访问其课程信息的时候，系统同时也把其学生证信息查找出来了。为什么是这样的一个结果呢？那是因为在默认的情况下 MyBatis 是按层级延迟加载的，让我们看看这个延迟加载的层级，如图 4-3 所示。

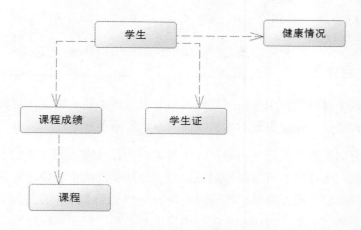

图 4-3　延迟加载的层级

当我们加载学生信息的时候，它会根据鉴别器去找到健康的情况。而当我们访问课程成绩的时候，由于学生证和课程成绩是一个层级，它也会去访问学生证的信息。然而这并不是我们需要的，因为我们并不希望在访问学生成绩的时候去加载学生证的信息。那么这个时候 aggressiveLazyLoading 就可以用起来了，当它为 true 的时候，MyBatis 的内容按层级加载，否则就按我们调用的要求加载。所以这个时候我们修改一下 MyBatis 配置文件中的代码，在 settings 元素内加入下面这行代码。

```
<setting name="aggressiveLazyLoading" value="false"/>
```

在默认的情况下 aggressiveLazyLoading 的默认值为 true，也就是使用层级加载的策略，我们这里把它修改为了 false。我们重新测试代码清单 4-32 得到日志如下。

```
DEBUG    2016-03-23   14:58:24,882    org.apache.ibatis.datasource.pooled.
PooledDataSource: Created connection 36333492.
DEBUG 2016-03-23 14:58:24,884 org.apache.ibatis.logging.jdbc. BaseJdbcLogger:
==> Preparing: select id, cnname, sex, note from t_student where id =?
DEBUG 2016-03-23 14:58:24,904 org.apache.ibatis.logging.jdbc. BaseJdbcLogger:
==> Parameters: 1(Integer)
DEBUG 2016-03-23 14:58:25,004 org.apache.ibatis.logging.jdbc. BaseJdbcLogger:
<==     Total: 1
DEBUG 2016-03-23 14:58:25,005 org.apache.ibatis.logging.jdbc. BaseJdbcLogger:
==>    Preparing:  select  id,  student_id,  lecture_id,  grade,  note  from
```

```
t_student_lecture where student_id = ?
DEBUG 2016-03-23 14:58:25,005 org.apache.ibatis.logging.jdbc. BaseJdbcLogger:
==> Parameters: 1(Integer)
DEBUG 2016-03-23 14:58:25,023 org.apache.ibatis.logging.jdbc. BaseJdbcLogger:
<==        Total: 1
```

我们发现这个时候它就完全按照我们的需要去延迟加载数据了，这就是我们想要的。那么 aggressiveLazyLoading 参数的含义，读者应该能够理解了。

上面的是全局的设置，但是还是不太灵活的，为什么呢？因为我们不能指定到哪些属性可以立即加载，哪些属性可以延迟加载。当一个功能的两个对象经常需要一起用时，我们采用即时加载更好，因为即时加载可以多条 SQL 一次性发送，性能高。例如，学生和学生课程成绩。当遇到类似于健康和学生证的情况时，则用延迟加载好些，因为健康表和学生证表可能不需要经常访问。这样我们就要修改 MyBatis 全局默认的延迟加载功能。不过不必担心，MyBatis 可以很容易地解决这些问题，因为它也有局部延迟加载的功能。我们可以在 association 和 collection 元素上加入属性值 fetchType 就可以了，它有两个取值范围，即 eager 和 lazy。它的默认值取决于你在配置文件 settings 的配置。假如我们没有配置它，那么它们就是 eager。一旦你配置了它们，那么全局的变量就会被它们所覆盖，这样我们就可以灵活地指定哪些东西可以立即加载，哪些东西可以延迟加载，很灵活。例如，我们希望学生成绩是即时加载而学生证是延迟加载，如代码清单 4-34 所示。

代码清单 4-34：及时加载和延迟加载的混合使用

```
<association property="studentSelfcard" column="id" fetchType="lazy"
select="com.learn.chapter4.mapper.StudentSelfcardMapper.findStudentSelfc
ardByStudentId" />
<collection property="studentLectureList" column="id" fetchType="eager"
    select="com.learn.chapter4.mapper.StudentLectureMapper.findStudentLe
ctureByStuId" />
```

在测试这段代码的时候我们把 aggressiveLazyLoading 设置为 false，然后运行代码，这时我们就可以发现再取出 Student 对象时，课程成绩是一并取出的，而学生证不会马上取出。这样学生证信息就是延迟加载，而学生成绩是即时加载。同样我们也可以使健康情况延迟加载，如代码清单 4-35 所示。

代码清单 4-35：修改健康情况为延迟加载

```
<resultMap  id="maleStudentMap"  type="com.learn.chapter4.po.MaleStudent
Bean" extends="studentMap">
```

```
        <collection fetchType="lazy"  property="studentHealthMaleList"
select="com.learn.chapter4.mapper.StudentHealthMaleMapper.findStudentHea
lthMaleByStuId" column="id" />
</resultMap>
    <resultMap id="femaleStudentMap" type="com.learn.chapter4.po.Female
StudentBean" extends="studentMap">
        <collection fetchType="lazy"  property="studentHealthFemaleList"
select="com.learn.chapter4.mapper.StudentHealthFemaleMapper.findStudentH
ealthFemaleByStuId" column="id" />
    </resultMap>
```

我们把课程成绩和课程表的级联修改为 lazy，那么当我们获取 StudentBean 对象的时候只有学生信息表和成绩表的信息被我们获取，这是我们最常用的功能，其他功能都被延迟加载了，这便是我们需要的功能。让我们看看运行的日志。

```
......
DEBUG 2016-03-18 01:20:46,103 org.apache.ibatis.transaction.jdbc.JdbcT
ransaction: Setting autocommit to false on JDBC Connection
[com.mysql.jdbc.JDBC4Connection@42110406]
DEBUG  2016-03-18  01:20:46,105  org.apache.ibatis.logging.jdbc.Base
JdbcLogger: ==> Preparing: select id, cnname, sex, note from t_student where
id =?
DEBUG 2016-03-18 01:20:46,139 org.apache.ibatis.logging.jdbc.BaseJdbcLogger:
==> Parameters: 1(Integer)
DEBUG 2016-03-18 01:20:46,206 org.apache.ibatis.logging.jdbc.BaseJdbcLogger:
====>  Preparing: select id, student_id, lecture_id, grade, note from
t_student_lecture where student_id = ?
DEBUG 2016-03-18 01:20:46,206 org.apache.ibatis.logging.jdbc.BaseJdbcLogger:
====> Parameters: 1(Integer)
DEBUG 2016-03-18 01:20:46,220 org.apache.ibatis.logging.jdbc.BaseJdbcLogger:
<====    Total: 1
DEBUG 2016-03-18 01:20:46,221 org.apache.ibatis.logging.jdbc.BaseJdbcLogger:
<==    Total: 1
DEBUG 2016-03-18 01:20:46,222 org.apache.ibatis.transaction.jdbc.JdbcTransaction:
Resetting autocommit to true on JDBC Connection [com.mysql.jdbc.
JDBC4Connection@42110406]
......
```

我们看到仅仅有两条 SQL 被执行，一条是查询 StudentBean 的基本信息，另外一条是查询成绩的。我们访问延迟加载对象时，它才会发送 SQL 到数据库把数据加载回来。

也许读者对延迟加载感兴趣，延迟加载的实现原理是通过动态代理来实现的。在默认情况下，MyBatis 在 3.3 或者以上版本时，是采用 JAVASSIST 的动态代理，低版本用的是 CGLIB。当然你可以使用配置修改。有兴趣的读者可以参考第 6 章关于动态代理的内容，它会生成一个动态代理对象，里面保存着相关的 SQL 和参数，一旦我们使用这个代理对象的方法，它会进入到动态代理对象的代理方法里，方法里面会通过发送 SQL 和参数，就可以把对应的结果从数据库里查找回来，这便是其实现原理。

4.7.4.6　另一种级联

MyBatis 还提供了另外一种级联方式，这种方式更为简单和直接，也没有 N+1 的问题。首先，让我们用一条 SQL 查询出所有的学生信息，如代码清单 4-36 所示。

代码清单 4-36：一条 SQL 查询出所有的学生信息

```
<select id="findAllStudent" resultMap="studentMap2">
    SELECT s.id, s.cnname, s.sex, s.note AS snote,
    IF (sex = 1, shm.id, shf.id) AS hid,
    IF (sex = 1, shm.check_date, shf.check_date) AS check_date,
    IF (sex = 1, shm.heart, shf.heart) AS heart,
    IF (sex = 1, shm.liver, shf.liver) AS liver,
    IF (sex = 1, shm.spleen, shf.spleen) AS spleen,
    IF (sex = 1, shm.lung, shf.lung) AS lung,
    IF (sex = 1, shm.kidney, shf.kidney) AS kidney,
    IF (sex = 1, shm.note, shf.note) AS shnote,
    shm.prostate, shf.uterus,
    ss.id AS ssid, ss.native AS native_,
    ss.issue_date, ss.end_date, ss.note AS ssnote,
    sl.id as slid,
    sl.lecture_id, sl.grade, sl.note AS slnote,
    l.lecture_name, l.note AS lnote
    FROM t_student s
    LEFT JOIN t_student_health_maleshm ON s.id = shm.student_id
    LEFT JOIN t_student_health_femaleshf ON s.id = shf.student_id
    LEFT JOIN t_student_selfcardss ON s.id = ss.student_id
    LEFT JOIN t_student_lecturesl ON s.id = sl.student_id
    LEFT JOIN t_lecture l ON sl.lecture_id = l.id
</select>
```

这条 SQL 的含义就是尽量通过左连接（LEFT JOIN）找到其他学生的信息。于是它返回的结果就包含了所有的学生信息。MyBatis 允许我们通过配置来完成这些级联信息。正如在这里配置的一样，我们将通过 studentMap2 定义的映射规则，来完成这个功能，因此有必要讨论一下它，让我们先看看 studentMap2 的映射集，如代码清单 4-37 所示。

代码清单 4-37：studentMap2 映射集

```xml
<resultMap id="studentMap2" type="com.learn.chapter4.po.StudentBean">
    <id property="id" column="id" />
    <result property="cnname" column="cnname" />
    <result property="sex" column="sex" jdbcType="INTEGER"
        javaType="com.learn.chapter4.enums.SexEnum"
typeHandler="com.learn.chapter4.typehandler.SexTypeHandler" />
    <result property="note" column="snote" />
    <association property="studentSelfcard" column="id"
        javaType="com.learn.chapter4.po.StudentSelfcardBean">
        <result property="id" column="ssid" />
        <result property="studentId" column="id" />
        <result property="native_" column="native_" />
        <result property="issueDate" column="issue_date" />
        <result property="endDate" column="end_date" />
        <result property="note" column="ssnote" />
    </association>

    <collection property="studentLectureList"
        ofType="com.learn.chapter4.po.StudentLectureBean">
        <result property="id" column="slid" />
        <result property="studentId" column="id" />
        <result property="grade" column="grade" />
        <result property="note" column="slnote" />
        <association property="lecture" column="lecture_id"
            javaType="com.learn.chapter4.po.LectureBean">
            <result property="id" column="lecture_id" />
            <result property="lectureName" column="lecture_name" />
            <result property="note" column="lnote" />
        </association>
    </collection>

    <discriminator javaType="int" column="sex">
        <case value="1" resultMap="maleStudentMap2" />
        <case value="2" resultMap="femaleStudentMap2" />
    </discriminator>
```

```xml
    </resultMap>

    <resultMap    id="maleStudentMap2"    type="com.learn.chapter4.po.
MaleStudentBean" extends="studentMap2">
        <collection property="studentHealthMaleList"  ofType="com.learn.
chapter4.po.StudentHealthMaleBean">
            <id property="id" column="hid" javaType="int"/>
            <result property="checkDate" column="check_date" />
            <result property="heart" column="heart" />
            <result property="liver" column="liver" />
            <result property="spleen" column="spleen" />
            <result property="lung" column="lung" />
            <result property="kidney" column="kidney" />
            <result property="prostate" column="prostate" />
            <result property="note" column="shnote" />
        </collection>
    </resultMap>

    <resultMap    id="femaleStudentMap2"    type="com.learn.chapter4.po.
FemaleStudentBean" extends="studentMap2">
        <collection property="studentHealthfemaleList" ofType="com.learn.
chapter4.po.StudentHealthFemaleBean">
            <id property="id" column="hid" javaType="int"/>
            <result property="checkDate" column="check_date" />
            <result property="heart" column="heart" />
            <result property="liver" column="liver" />
            <result property="spleen" column="spleen" />
            <result property="lung" column="lung" />
            <result property="kidney" column="kidney" />
            <result property="uterus" column="uterus" />
            <result property="note" column="shnote" />
        </collection>
    </resultMap>
```

请注意加粗代码，让我们说明一下。

- 第一个 association 定义的 javaType 属性告诉了 MyBatis，将使用哪个类去映射这些字段。第二个 associationcolumn 定义的是 lecture_id，说明用 SQL 中的字段 lecture_id 去关联结果。
- ofType 属性定义的是 collection 里面的泛型是什么 Java 类型，MyBatis 会拿你定义的 Java 类和结果集做映射。

- discriminator 则是根据 sex 的结果来判断使用哪个类做映射。它决定了使用男生健康表，还是女生健康表。

这里我们看到了一条 SQL 就能完成映射，但是这条 SQL 有些复杂。其次我们是否需要在一次查询就导出那么多的数据，这会不会造成资源浪费，同时也给维护带来一定的困难，这些问题都需要读者在实际工作中去考量。

4.8　缓存 cache

缓存是互联网系统常常用到的，其特点是将数据保存在内存中。目前流行的缓存服务器有 MongoDB、Redis、Ehcache 等。缓存是在计算机内存上保存的数据，在读取的时候无需再从磁盘读入，因此具备快速读取和使用的特点，如果缓存命中率高，那么可以极大地提高系统的性能。如果缓存命中率很低，那么缓存就不存在使用的意义了，所以使用缓存的关键在于存储内容访问的命中率。

4.8.1　系统缓存（一级缓存和二级缓存）

MyBatis 对缓存提供支持，但是在没有配置的默认的情况下，它只开启一级缓存（一级缓存只是相对于同一个 SqlSession 而言）。

所以在参数和 SQL 完全一样的情况下，我们使用同一个 SqlSession 对象调用同一个 Mapper 的方法，往往只执行一次 SQL，因为使用 SqlSession 第一次查询后，MyBatis 会将其放在缓存中，以后再查询的时候，如果没有声明需要刷新，并且缓存没超时的情况下，SqlSession 都只会取出当前缓存的数据，而不会再次发送 SQL 到数据库。

但是如果你使用的是不同的 SqlSesion 对象，因为不同的 SqlSession 都是相互隔离的，所以用相同的 Mapper、参数和方法，它还是会再次发送 SQL 到数据库去执行，返回结果。

让我们看看这样的例子，如代码清单 4-38 所示。

代码清单 4-38：测试 SqlSession 一级缓存

```
sqlSession = SqlSessionFactoryUtil.openSqlSession();
StudentMapper studentMapper = sqlSession.getMapper(StudentMapper.class);
```

```
StudentBean student = studentMapper.getStudent(1);
logger.debug("使用同一个 sqlSession 再执行一次");
StudentBean student2 = studentMapper.getStudent(1);
//请注意，当我们使用二级缓存的时候，sqlSession 调用了 commit 方法后才会生效
sqlSession.commit();
logger.debug("现在创建一个新的 sqlSession 再执行一次");
sqlSession2 = SqlSessionFactoryUtil.openSqlSession();
StudentMapper studentMapper2 = sqlSession2.getMapper(StudentMapper.class);
StudentBean student3 = studentMapper2.getStudent(1);
//请注意，当我们使用二级缓存的时候，sqlSession 调用了 commit 方法后才会生效
sqlSession2.commit();
```

这里我们一共创建了两个 SqlSession 对象，第一个执行了两次查询，第二个执行了一次查询，让我们看看其运行的结果。

```
......
DEBUG 2016-03-23 14:17:58,461 org.apache.ibatis.datasource.pooled.PooledDataSource:
Created connection 36333492.
DEBUG 2016-03-23 14:17:58,466 org.apache.ibatis.logging.jdbc.BaseJdbcLogger:
==> Preparing: select id, cnname, sex, note from t_student where id =?
DEBUG 2016-03-23 14:17:58,507 org.apache.ibatis.logging.jdbc.BaseJdbcLogger:
==> Parameters: 1(Integer)
DEBUG 2016-03-23 14:17:58,590 org.apache.ibatis.logging.jdbc.BaseJdbcLogger:
<==      Total: 1
DEBUG 2016-03-23 14:17:58,591 com.learn.chapter4.main.Chapter4Main: 使用同
一个 sqlSession 再执行一次
DEBUG 2016-03-23 14:17:58,591 com.learn.chapter4.main.Chapter4Main: 现在创
建一个新的 sqlSession 再执行一次
DEBUG 2016-03-23 14:17:58,591 org.apache.ibatis.transaction.jdbc.JdbcTransaction:
Opening JDBC Connection
DEBUG   2016-03-23   14:17:58,603   org.apache.ibatis.datasource.pooled.PooledD
ataSource: Created connection 497359413.
DEBUG 2016-03-23 14:17:58,604 org.apache.ibatis.logging.jdbc.BaseJdbcLogger:
==> Preparing: select id, cnname, sex, note from t_student where id =?
DEBUG 2016-03-23 14:17:58,604 org.apache.ibatis.logging.jdbc.BaseJdbcLogger:
==> Parameters: 1(Integer)
DEBUG 2016-03-23 14:17:58,605 org.apache.ibatis.logging.jdbc.BaseJdbcLogger:
<==      Total: 1
DEBUG 2016-03-23 14:17:58,605 org.apache.ibatis.transaction.jdbc.JdbcTransaction:
Resetting autocommit to true on JDBC Connection [com.mysql.jdbc.JDBC
```

```
4Connection@22a67b4]
......
```

我们发现第一个 SqlSession 实际只发生过一次查询，而第二次查询就从缓存中取出了，也就是 SqlSession 层面的一级缓存，它在各个 SqlSession 是相互隔离的。为了克服这个问题，我们往往需要配置二级缓存，使得缓存在 SqlSessionFactory 层面上能够提供给各个 SqlSession 对象共享。

而 SqlSessionFactory 层面上的二级缓存是不开启的，二级缓存的开启需要进行配置，实现二级缓存的时候，MyBatis 要求返回的 POJO 必须是可序列化的，也就是要求实现 Serializable 接口，配置的方法很简单，只需要在映射 XML 文件配置就可以开启缓存了。

```
<cache/>
```

这样的一个语句里面，很多设置是默认的，如果我们只是这样配置，那么就意味着：

- 映射语句文件中的所有 select 语句将会被缓存。
- 映射语句文件中的所有 insert、update 和 delete 语句会刷新缓存。
- 缓存会使用默认的 Least Recently Used（LRU，最近最少使用的）算法来收回。
- 根据时间表，比如 No Flush Interval，（CNFI，没有刷新间隔），缓存不会以任何时间顺序来刷新。
- 缓存会存储列表集合或对象（无论查询方法返回什么）的 1024 个引用。
- 缓存会被视为是 read/write（可读/可写）的缓存，意味着对象检索不是共享的，而且可以安全地被调用者修改，不干扰其他调用者或线程所做的潜在修改。

添加了这个配置后，我们还必须做一件重要的事情，否则就会出现异常。这就是 MyBatis 要返回的 POJO 对象要实现 Serializable 接口，否则它就会抛出异常。做了这些修改后，我们再次测试代码清单 4-38，得到如下日志。

```
......
DEBUG 2016-03-23 14:19:47,411 org.apache.ibatis.transaction.jdbc.JdbcTransaction:
Opening JDBC Connection
DEBUG  2016-03-23  14:19:47,631  org.apache.ibatis.datasource.pooled.
PooledDataSource: Created connection 1730173572.
DEBUG 2016-03-23 14:19:47,634 org.apache.ibatis.logging.jdbc.Base JdbcLogger:
==> Preparing: select id, cnname, sex, note from t_student where id =?
```

```
DEBUG 2016-03-23 14:19:47,681 org.apache.ibatis.logging.jdbc.Base JdbcLogger:
==> Parameters: 1(Integer)
DEBUG 2016-03-23 14:19:47,760 org.apache.ibatis.logging.jdbc.Base JdbcLogger:
<==      Total: 1
DEBUG 2016-03-23 14:19:47,761 com.learn.chapter4.main.Chapter4Main: 使用同
一个 sqlSession 再执行一次
DEBUG 2016-03-23 14:19:47,761 org.apache.ibatis.cache.decorators.LoggingCache:
Cache Hit Ratio [com.learn.chapter4.mapper.StudentMapper]: 0.0
DEBUG 2016-03-23 14:19:47,770 com.learn.chapter4.main.Chapter4Main: 现在创
建一个新的 sqlSession 再执行一次
DEBUG 2016-03-23 14:19:47,774 org.apache.ibatis.cache.decorators.LoggingCache:
Cache Hit Ratio [com.learn.chapter4.mapper.StudentMapper]: 0.3333333333333333
DEBUG 2016-03-23 14:19:47,774 org.apache.ibatis.transaction.jdbc.JdbcTransaction:
Resetting autocommit to true on JDBC Connection [com.mysql.jdbc.JDBC
4Connection@67205a84]
......
```

显然我们从头到尾只执行了一次 SQL，都是从二级缓存中得到我们需要的数据，这就说明二级缓存是在 SqlSessionFactory 层面所共享的。

当然我们也可以修改它们，代码清单 4-39 是使用其属性来修改的。

代码清单 4-39：配置缓存

```
<cache  eviction="LRU "  flushInterval="100000" size="1024" readOnly=
"true"/>
```

这里我们讨论一下它们的属性。

- eviction：代表的是缓存回收策略，目前 MyBatis 提供以下策略。

（1）LRU，最近最少使用的，移除最长时间不用的对象。

（2）FIFO，先进先出，按对象进入缓存的顺序来移除它们。

（3）SOFT，软引用，移除基于垃圾回收器状态和软引用规则的对象。

（4）WEAK，弱引用，更积极地移除基于垃圾收集器状态和弱引用规则的对象。这里采用的是 LRU，移除最长时间不用的对象。

- flushInterval：刷新间隔时间，单位为毫秒，这里配置的是 100 秒刷新，如果你不配置它，那么当 SQL 被执行的时候才会去刷新缓存。

- size：引用数目，一个正整数，代表缓存最多可以存储多少个对象，不宜设置过大。设置过大会导致内存溢出。这里配置的是 1024 个对象。
- readOnly：只读，意味着缓存数据只能读取而不能修改，这样设置的好处是我们可以快速读取缓存，缺点是我们没有办法修改缓存，它的默认值为 false，不允许我们修改。

4.8.2　自定义缓存

系统缓存是 MyBatis 应用机器上的本地缓存，但是在大型服务器上，会使用各类不同的缓存服务器，这个时候我们可以定制缓存，比如现在十分流行的 Redis 缓存。我们需要实现 MyBatis 为我们提供的接口 org.apache.ibatis.cache.Cache，缓存接口简介如代码清单 4-40 所示。

代码清单 4-40：缓存接口简介

```
//获取缓存编号
      String getId();
//保存 key 值缓存对象
  void putObject(Object key, Object value);
//通过 Key 获取缓存对象
  Object getObject(Object key);
//通过 key 删除缓存对象
  Object removeObject(Object key);
//清空缓存
  void clear();
//获取缓存对象大小
  int getSize();
//获取缓存的读写锁
  ReadWriteLock getReadWriteLock();
```

因为每种缓存都有其不同的特点，上面的接口都需要我们去实现，假设我们已经有一个实现类 com.learn.chapter4.MyCache，那么我们需要如代码 4-41 所示的配置。

代码清单 4-41：配置自定义缓存

```
<cache type="com.learn.chapter4.MyCache"/>
```

我们完成上述设置就能使用自定义的缓存了。而在缓存中你往往需要定制一些常用的属性，MyBatis 也对其做了支持，如代码清单 4-42 所示。

代码清单 4-42：设置自定义缓存参数

```
<cache type="com.learn.chapter4.MyCache">
  <property name="host" value="localhost/>
</cache>
```

如果我们在 MyCache 这个类增加 setHost（String host）方法，那么它在初始化的时候就会被调用，这样你可以对自定义设置一些外部参数。

我们在映射器上可以配置 insert、delete、select、update 元素，对应增、删、查、改这些内容。我们也可以配置 SQL 层面上的缓存规则，来决定它们是否需要使用或者刷新缓存，我们往往是根据两个属性：useCache 和 flushCache 来完成的，其中 useCache 表示是否需要使用缓存，而 flushCache 表示插入后是否需要刷新缓存。请看一个例子，如代码清单 4-43 所示。

代码清单 4-43：定制 SQL 执行缓存的策略

```
<select ... flushCache="false" useCache="true"/>
<insert ... flushCache="true"/>
<update ... flushCache="true"/>
<delete ... flushCache="true"/>
```

第 **5** 章

动态 SQL

如果使用 JDBC 或者其他框架，很多时候你得根据需要去拼装 SQL，这是一个麻烦的事情。而 MyBatis 提供对 SQL 语句动态的组装能力，而且它只有几个基本的元素，十分简单明了，大量的判断都可以在 MyBatis 的映射 XML 文件里面配置，以达到许多我们需要大量代码才能实现的功能，大大减少了我们编写代码的工作量，这体现了 MyBatis 的灵活性、高度可配置性和可维护性。MyBatis 也可以在注解中配置 SQL，但是由于注解中配置功能受限，对于复杂的 SQL 而言可读性很差，所以使用较少，因此在本书将不对它们进行介绍。

5.1 概述

MyBatis 的动态 SQL 包括以下几种元素，如表 5-1 所示。

表 5-1 动态 SQL 的元素

元　素	作　用	备　注
if	判断语句	单条件分支判断
choose (when、otherwise)	相当于 Java 中的 case when 语句	多条件分支判断
trim (where、set)	辅助元素	用于处理一些 SQL 拼装问题
foreach	循环语句	在 in 语句等列举条件常用

下面我们就讨论这些动态元素的用法。

5.2 if 元素

if 元素是我们最常用的判断语句, 相当于 Java 中的 if 语句。它常常与 test 属性联合使用。

在大部分情况下, if 元素使用方法简单, 让我们先了解它的基本用法。现在我们要根据角色名称 (roleName) 去查找角色, 但是角色名称是一个可填可不填的条件, 不填写的时候就不要用它作为查询条件。这是查询中常见的场景之一。if 元素提供了简易的实现方法, 如代码清单 5-1 所示。

代码清单 5-1: 使用 if 元素构建动态 SQL

```
<select id="findRoles" parameterType="string" resultMap="roleResultMap">
    select role_no, role_name, note from t_role where 1=1
    <if test="roleName != null and roleName !=''">
       and role_name like concat('%',  #{roleName}, '%')
    </if>
</select>
```

这句话的含义就是当我们将参数 roleName 传递进入到映射器中, 采取构造对 roleName 的模糊查询。如果这个参数为空, 就不要去构造这个条件, 显然这样的场景在我们实际的工作中是十分常见的。通过 MyBatis 的条件语句我们可以节省许多拼接 SQL 的工作, 把精力集中在 XML 的维护上。

5.3 choose、when、otherwise 元素

5.2 节的例子相对于 Java 语言中的 if 语句就是一种非此即彼的关系, 但是很多时候我们所面对的不是一种非此即彼的选择。在有些时候我们还需要第三种选择甚至更多的选择, 也就是说, 我们也需要 switch...case...default 语句, 而在映射器的动态语句中 choose、when、otherwise 元素承担了这个功能, 让我们看看下面的场景。

- 当角色编号不为空, 则只用角色编号作为条件查询。
- 当角色编号为空, 而角色名称不为空, 则用色名称作为条件进行模糊查询。
- 当角色编号和角色名称都为空, 则要求角色备注不为空。

让我们看看如何使用 choose、when、otherwise 元素去实现, 如代码清单 5-2 所示。

代码清单 5-2：使用 choose、when、otherwise 元素

```
<select id="findRoles" parameterType="role" resultMap="roleResultMap">
    select role_no, role_name, note from t_role
    where 1=1
    <choose>
        <when test="roleNo != null and roleNo !=''">
          AND role_no = #{roleNo}
        </when>
        <when test="roleName != null and roleName !=''">
AND role_name like concat('%', #{roleName}, '%')
        </when>
        <otherwise>
          AND note is not null
        </otherwise>
    </choose>
</select>
```

这样 MyBatis 就会根据参数的设置进行判断来动态组装 SQL，以满足不同业务的要求。远比 Hibernate 和 JDBC 大量判断 Java 代码要清晰和明确得多。

5.4　trim、where、set 元素

细心的读者会发现 5.3 节的 SQL 语句笔者加入了一个条件"1=1"，如果没有加入这个条件，那么可能就变为了下面这样一条错误的语句。

```
select role_no, role_name, note from t_role where and role_name like
concat('%', #{roleName}, '%')
```

显然就会报错关于 SQL 的语法异常。而加入了"1=1"这样的条件又显得相当奇怪。不过不必担心，我们可以用 where 元素去处理 SQL 以达到预期的效果。例如我们去掉了条件"1=1"，只要用 where 元素就可以了，如代码清单 5-3 所示。

代码清单 5-3：使用 where 元素

```
<select id="findRoles" parameterType="string" resultMap="roleResultMap">
    select role_no, role_name, note from t_role
    <where>
    <if test="roleName != null and roleName !=''">
```

```
                 and role_name like concat('%', #{roleName}, '%')
            </if>
            </where>
        </select>
```

这样当 where 元素里面的条件成立的时候，才会加入 where 这个 SQL 关键字到组装的 SQL 里面，否则就不加入。

有时候我们要去掉一些特殊的 SQL 语法，比如常见的 and、 or。而使用 trim 元素可以达到我们预期的效果，如代码清单 5-4 所示。

代码清单 5-4：使用 trim 元素

```
<select id="findRoles" parameterType="string" resultMap="roleResultMap">
        select role_no, role_name, note from t_role
    <trim prefix="where" prefixOverrides="and">
    <if test="roleName != null and roleName !=''">
        and role_name like concat('%', #{roleName}, '%')
    </if>
    </trim>
</select>
```

稍微解释一下，trim 元素就意味着我们需要去掉一些特殊的字符串，prefix 代表的是语句的前缀，而 prefixOverrides 代表的是你需要去掉的那种字符串。上面的写法基本与 where 是等效的。

在 Hibernate 中我们常常需要更新某一对象，发送所有的字段给持久对象。现实中的场景常常是，我只想更新一个字段，如果发送所有的属性去更新一遍，对网络带宽消耗较大，性能最佳的办法是把主键和更新字段的值传递给 SQL 更新即可。例如，角色表有一个主键和两个字段，如果一个个去更新需要写 2 条 SQL，如果有 1000 个字段呢？显然这种做法是不方便的，而在 Hibernate 中我们做更新都是用全部字段发送给 SQL 的方法来避免这一情况发生。

在 MyBatis 中，我们常常可以使用 set 元素来完成这些功能，如代码清单 5-5 所示。

代码清单 5-5： 使用 set 元素

```
<update id="updateRole" parameterType="role">
        update t_role
        <set>
            <if test="roleName != null and roleName !=''">
```

```
        role_name = #{roleName},
    </if>
    <if test="note != null and note != ''">
        note = #{note}
    </if>
</set>
where role_no = #{roleNo}
</update>
```

set 元素遇到了逗号，它会把对应的逗号去掉，如果我们自己编写那将是多少次的判断呢？当我们只想更新备注，我们只需要传递备注信息和角色编号即可，而不需要再传递角色名称。MyBatis 就会根据参数的规则进行动态 SQL 组装，这样便能满足要求，同时避免了全部字段更新的麻烦。

同样的你也可以把它转变为对应的 trim 元素，代码如下。

```
<trim prefix="SET" suffixOverrides=",">...</trim>
```

5.5　foreach 元素

显然 foreach 元素是一个循环语句，它的作用是遍历集合。它能够很好的支持数组和List、Set 接口的集合，对此提供遍历的功能。

在数据库中，数据字典是经常使用的内容，比如在用户表中，性别可以分为男、女或者未知，我们把性别作为一个字典，定义如下。

1-男，2-女，0-未知

实际工作中，用户可能查找非未知性别的用户，也可能查找女性和未知性别的用户，或者男性和未知性别的用户等，具体的参数需要使用 foreach 元素去确定，如代码清单 5-6 所示。

代码清单 5-6：使用 foreach 元素

```
<select id="findUserBySex" resultType="user">
select * from t_user  wher sex in
<foreach   item="sex"   index="index"   collection="sexList"   open="("
```

```
separator="," close=")">
#{sex}
</foreach>
</select>
```

这里需要稍微解释一下。

- collection 配置的 sexList 是传递进来的参数名称，它可以是一个数组或者 List、Set 等集合。
- item 配置的是循环中当前的元素。
- index 配置的是当前元素在集合的位置下标。
- open 和 close 配置的是以什么符号将这些集合元素包装起来。
- separator 是各个元素的间隔符。

在 SQL 中对于 in 语句我们常常使用，对于大量数据的 in 语句需要我们特别注意，因为它会消耗大量的性能，还有一些数据库的 SQL 对执行的 SQL 长度也有限制。所以我们使用它的时候需要预估一下这个 collection 对象的长度。

5.6 test 的属性

test 的属性用于条件判断的语句中，它在 MyBatis 中广泛使用。它的作用相当于判断真假。在大部分的场景中我们都是用它判断空和非空。有时候我们需要判断字符串、数字和枚举等。所以十分有必要讨论一下它的用法。通过 5.2 节对 if 元素的介绍，我们知道了如何判断非空。但是如何用 if 语句判断字符串呢？我们对代码进行下面的测试，如代码清单 5-7 所示。

代码清单 5-7：测试 test 属性判断

```
<select id="getRoleTest" parameterType="string" resultMap = "roleResultMap">
    select role_no, role_name, note from t_role
    <if test="type = 'Y'">
    where 1=1
    </if>
</select>
```

把 type = "Y" 传递给这条 SQL，我们发现程序自动加入了 where 1=1。

换句话说，这条语句判定成功了。在旧的版本里面我们往往需要加入 toString()，新的版本已经解决了这个问题。同样的它可以给我们判断数值型的参数。对于枚举而言，取决于你使用何种 typeHandler，这些需要参考第 3 章关于枚举 typeHandler 的介绍。

5.7　bind 元素

bind 元素的作用是通过 OGNL 表达式去自定义一个上下文变量，这样更方便我们使用。在我们进行模糊查询的时候，如果是 MySQL 数据库，我们常常用到的是一个 concat 用 "%" 和参数相连接。然而在 Oracle 数据库则是用连接符号 "||"，这样 SQL 就需要提供两种形式去实现。但是有了 bind 元素，我们就完全不必使用数据库的语言，只要使用 MyBatis 的语言即可与所需参数相连。

比如我们要按角色名称进行模糊查询，我们可以把映射文件写成这样，如代码清单 5-8 所示。

代码 5-8：使用 bind 元素

```
<select id="findRole" resultType="com.learn.chapter5.mybatis.bean.RoleBean">
    <bind name="pattern" value="'%' + _parameter + '%'" />
    SELECT id, role_name as roleName, create_date as createDate, end_date
as endFlag,
end_flag as endFlag, note FROM t_role
where role_name like #{pattern}
</select>
```

这里的 "_parameter" 代表的就是传递进来的参数，它和通配符连接后，赋给了 pattern，我们就可以在 select 语句中使用这个变量进行模糊查询，不管是 MySQL 数据库还是 Oracle 数据库都可以使用这样的语句，提高了其可移植性。

我们传递的参数往往不止这么一个，我们可能传递多个参数。让我们来学习多个参数 bind 元素的用法。首先，定义接口方法，如代码清单 5-9 所示。

代码 5-9：使用 bind 元素传递多个参数

```
/**
    * 查询角色
    * @param roleName 角色名称
    * @param note  备注
```

```
     *  @return  符合条件的角色
     */
public List<RoleBean> findRole(@Param("roleName")String roleName, @Param
("note")String note);
```

然后，定义映射文件，定义两个新的变量去执行模糊查询，如代码清单 5-10 所示。

代码 5-10：使用 bind 元素，多参数绑定

```xml
<select id="findRole" resultType="com.learn.chapter5.mybatis.bean.RoleBean">
    <bind name="pattern_roleName" value="'%' + roleName + '%'" />
    <bind name="pattern_note" value="'%' + note + '%'" />
    SELECT id, role_name as roleName, create_date as createDate,
    end_date as  endFlag,  end_flag as endFlag, note FROM t_role
    where role_name like #{pattern_roleName}
    and note like #{pattern_note}
</select>
```

第6章

MyBatis 的解析和运行原理

如果你只限于 MyBatis 的普通使用，不打算使用插件，那么请你跳过本章。因为在前 5 章我们对 MyBatis 的应用已经有了较为详细的阐述，翻阅前面的内容，熟悉它们，你就可以成为一名能够正确使用 MyBatis 的开发者。本章是有一定难度的，因为它讲述的是 MyBatis 底层的设计和实现原理，原理就意味着晦涩难懂，对 Java 初学者来说，这甚至难以理解，本章更加适合对 Java 有一定经验且参与过设计的开发者阅读，不过初学者通过仔细阅读和反复推敲还是能够掌握的。

本章所谈的原理只涉及基本的框架和核心代码，不会面面俱到，比如我不会告诉你 MyBatis 是如何解析 XML 文件和其他配置文件从而得到内容的，JDBC 如何使用，因为这些都是 Java 基础，不是本章关心的问题。我们还是集中在 MyBatis 框架的设计和核心代码的实现上，一些无关的细节将会被适当忽略。

MyBatis 的运行分为两大部分，第一部分是读取配置文件缓存到 Configuration 对象，用以创建 SqlSessionFactory，第二部分是 SqlSession 的执行过程。相对而言，SqlSessionFactory 的创建比较容易理解，而 SqlSession 的执行过程远远不是那么简单了，它将包括许多复杂的技术，我们需要先讨论反射技术和动态代理技术，这是揭示 MyBatis 底层架构的基础，本章每节都是上下关联的，需要按本章的顺序阅读，否则你会迷失在这个过程中。

当我们掌握了 MyBatis 的运行原理，我们就可以知道 MyBatis 是怎么运行的，这为我们学习插件技术打下了基础。本文也会带领大家对一些关键源码进行阅读与分析，源码中的一些技巧、设计和开发模式会使开发者受益匪浅。

6.1　涉及的技术难点简介

来到原理章，我们有必要对一些常用的、基础的技术难点进行简介，否则读者可能难以理解本章的内容。

正如我们第 2 章描述的那样，Mapper 仅仅是一个接口，而不是一个包含逻辑的实现类。我们知道一个接口是没有办法去执行的，那么它是怎么运行的呢？这不是违反了教科书所说的接口不能运行的道理吗？相信不少的读者会对此产生极大的疑惑。

答案就是动态代理，我们不妨看看 Mapper 到底是一个什么东西，如图 6-1 所示。

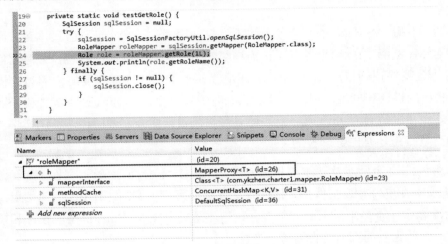

图 6-1　Mapper 动态代理

很显然 Mapper 产生了代理类，这个代理类是由 MyBatis 为我们创建的，为此我们不妨先来学习一下动态代理，这有利于后续的学习。

首先，什么是代理模式？所谓的代理模式就是在原有的服务上多加一个占位，通过这个占位去控制服务的访问。这句话不太容易理解，举例而言，假设你是一个公司的工程师，能提供一些技术服务，公司的客服是一个美女，她不懂技术。而我是一个客户，需要你们公司提供技术服务。显然，我只会找到你们公司的客服，和客服沟通，而不是找你沟通。客服会根据公司的规章制度和业务规则来决定找不找你服务。那么这个时候客服就等同于你的一个代理，她通过和我的交流来控制对你的访问，当然她也可以提供一些你们公司对外的服务。而我只能通过她的代理访问你。对我而言，根本不需要认识你，只需要认识客服就可以了。事实上，站在我的角度，我会认为客服就代表你们公司，而不管真正为我服务的你是怎么样的。

其次，为什么要使用代理模式？通过代理，一方面可以控制如何访问真正的服务对象，提供额外服务。另外一方面有机会通过重写一些类来满足特定的需要，正如客服也可以根据公司的业务规则，提供一些服务，这个时候就不需要劳你大驾了。下面给出动态代理示意图，如图 6-2 所示。

图 6-2　动态代理示意图

一般而言，动态代理分为两种，一种是 JDK 反射机制提供的代理，另一种是 CGLIB 代理。在 JDK 提供的代理，我们必须要提供接口，而 CGLIB 则不需要提供接口，在 MyBatis 里面两种动态代理技术都已经使用了。但是在此之前我们需要学习的技术就是反射，让我们开始基础技术的学习。

6.1.1　反射技术

在 Java 中，反射技术已经大行其道，并且通过不断优化，Java 的可配置性等性能得到了巨大的提高。让我们来写一个服务打印 "hello + 姓名"，如代码清单 6-1 所示。

代码清单 6-1：ReflectService.java 反射示例

```java
import java.lang.reflect.InvocationTargetException;
import java.lang.reflect.Method;
public class ReflectService {
    /**
     * 服务方法
     * @param name -- 姓名
     */
    public void sayHello(String name) {
        System.err.println("hello" + name);
    }

    /**
     * 测试入口
     * @param args
```

```
    */
    public static void main(String[] args) throws ClassNotFoundException,
NoSuchMethodException, InstantiationException, IllegalAccessException,
IllegalArgumentException, InvocationTargetException {
        //通过反射创建 ReflectService 对象
        Object service = Class.forName(ReflectService.class.getName()).
newInstance();
        //获取服务方法——sayHello
        Method method=service.getClass().getMethod("sayHello", String.
class);
        //反射调用方法
        method.invoke(service, "zhangsan");
    }
}
```

这段代码通过反射技术去创建 ReflectService 对象，获取方法后通过反射调用。

反射调用的最大好处是配置性大大提高，就如同 Spring IOC 容器一样，我们可以给很多配置设置参数，使得 Java 应用程序能够顺利运行起来，大大提高了 Java 的灵活性和可配置性，降低模块之间的耦合。

6.1.2 JDK 动态代理

JDK 的动态代理，是由 JDK 的 java.lang.reflect.*包提供支持的，我们需要完成这么几个步骤。

- 编写服务类和接口，这个是真正的服务提供者，在 JDK 代理中接口是必须的。
- 编写代理类，提供绑定和代理方法。

JDK 的代理最大的缺点是需要提供接口，而 MyBatis 的 Mapper 就是一个接口，它采用的就是 JDK 的动态代理。我们先给一个服务接口，如代码清单 6-2 所示。

代码清单 6-2：HelloService.java

```
public interface HelloService {
    public void sayHello(String name);
}
```

然后，写一个实现类，如代码清单 6-3 所示。

代码清单 6-3：HelloServiceImpl.java

```java
public class HelloServiceImpl implements HelloService{
    @Override
    public void sayHello(String name) {
        System.err.println("hello " + name);
    }
}
```

现在我们写一个代理类，提供真实对象的绑定和代理方法。代理类的要求是实现
InvocationHandler 接口的代理方法，当一个对象被绑定后，执行其方法的时候就会进入到
代理方法里，如代码清单 6-4 所示。

代码清单 6-4：HelloServiceProxy.java

```java
public class HelloServiceProxy implements InvocationHandler {
/**
* 真实服务对象
*/
    private Object target;
    /**
     * 绑定委托对象并返回一个代理类
     * @param target
     * @return
     */
    public Object bind(Object target) {
        this.target = target;
        //取得代理对象
        return Proxy.newProxyInstance(target.getClass().getClassLoader(),
                target.getClass().getInterfaces(), this);   //jdk 代理需要提供
接口
    }

    @Override
    /**
     * 通过代理对象调用方法首先进入这个方法
     * @param proxy --代理对象
     * @param method -- 被调用方法
     * @param args -- 方法的参数
     */
    public Object invoke(Object proxy, Method method, Object[] args) throws
Throwable {
```

```
        System.err.println("############我是 JDK 动态代理##############");
        Object result = null;
        //反射方法前调用
        System.err.println("我准备说 hello。");
        //执行方法，相当于调用  HelloServiceImpl 类的 sayHello 方法
        result=method.invoke(target, args);
        //反射方法后调用
        System.err.println("我说过 hello 了");
        return result;
    }
}
Proxy.newProxyInstance(target.getClass().getClassLoader(),
    target.getClass().getInterfaces(), this);
```

上面这段代码让 JDK 产生一个代理对象。这个代理对象有三个参数：第一个参数 target.getClass().getClassLoader() 是类加载器，第二个参数 target.getClass(). getInterfaces() 是接口（代理对象挂在哪个接口下），第三个参数 this 代表当前 HelloServiceProxy 类，换句话说是使用 HelloServiceProxy 的代理方法作为对象的代理执行者。

一旦绑定后，在进入代理对象方法调用的时候就会到 HelloServiceProxy 的代理方法上，代理方法有三个参数：第一个 proxy 是代理对象，第二个是当前调用的那个方法，第三个是方法的参数。比方说，现在 HelloServiceImpl 对象（obj）用 bind 方法绑定后，返回其占位，我们再调用 proxy.sayHello("张三")，那么它就会进入到 HelloServiceProxy 的 invoke() 方法。而 invoke 参数中第一个便是代理对象 proxy，方法便是 sayHello，参数是张三。

我们已经用 HelloServiceProxy 类的属性 target 保存了真实的服务对象，那么我们可以通过反射技术调度真实对象的方法。

```
result=method.invoke(target, args);
```

这里我们演示了 JDK 动态代理的实现，并且在调用方法前后都可以加入我们想要的东西。MyBatis 在使用 Mapper 的时候也是这样做的。

让我们测试一下动态代理，如代码清单 6-5 所示。

代码清单 6-5： HelloServiceMain.java

```
public class HelloServiceMain {
    public static void main(String[] args) {
```

```
    HelloServiceProxy HelloHandler = new HelloServiceProxy();
    HelloService proxy = (HelloService)HelloHandler.bind(new
HelloServiceImpl());
    proxy.sayHello("张三");
    }
}
```

我们运行它，就可以看到如下运行结果。

```
#############我是 JDK 动态代理###############
我准备说 hello
hello 张三
我说过 hello 了
```

6.1.3　CGLIB 动态代理

JDK 提供的动态代理存在一个缺陷，就是你必须提供接口才可以使用，为了克服这个缺陷，我们可以使用开源框架——CGLIB，它是一种流行的动态代理。

让我们看看如何使用 CGLIB 动态代理。HelloService.java 和 HelloServiceImpl.java 都不需要改变，但是我们要实现 CGLIB 的代理类。它的实现 MethodInterceptor 的代理方法如代码清单 6-6 所示。

代码清单 6-6：HelloServiceCgLib.java

```
public class HelloServiceCgLib implements MethodInterceptor {
    private Object target;
    /**
     * 创建代理对象
     *
     * @param target
     * @return
     */
    public Object getInstance(Object target) {
        this.target = target;
        Enhancer enhancer = new Enhancer();
        enhancer.setSuperclass(this.target.getClass());
        // 回调方法
        enhancer.setCallback(this);
        // 创建代理对象
```

133

```
            return enhancer.create();
    }
    @Override
    // 回调方法
    public Object intercept(Object obj, Method method, Object[] args,
MethodProxy proxy) throws Throwable {
        System.err.println("############## 我 是 CGLIB 的 动 态 代 理 ######
######");
        //反射方法前调用
        System.err.println("我准备说 hello");
        Object returnObj = proxy.invokeSuper(obj, args);
        //反射方法后调用
        System.err.println("我说过 hello 了");
        return returnObj;
    }
}
```

这样便能够实现 CGLIB 的动态代理。在 MyBatis 中通常在延迟加载的时候才会用到 CGLIB 的动态代理。有了这些基础，我们就可以更好地论述 MyBatis 的解析和运行过程了。

6.2 构建 SqlSessionFactory 过程

SqlSessionFactory 是 MyBatis 的核心类之一，其最重要的功能就是提供创建 MyBatis 的核心接口 SqlSession，所以我们需要先创建 SqlSessionFactory，为此我们需要提供配置文件和相关的参数。而 MyBatis 是一个复杂的系统，采用构造模式去创建 SqlSessionFactory，我们可以通过 SqlSessionFactoryBuilder 去构建。构建分为两步。

第一步，通过 org.apache.ibatis.builder.xml.XMLConfigBuilder 解析配置的 XML 文件，读出配置参数，并将读取的数据存入这个 org.apache.ibatis.session.Configuration 类中。注意，MyBatis 几乎所有的配置都是存在这里的。

第二步，使用 Confinguration 对象去创建 SqlSessionFactory。MyBatis 中的 SqlSessionFactory 是一个接口，而不是实现类，为此 MyBatis 提供了一个默认的 SqlSessionFactory 实现类，我们一般都会使用它 org.apache.ibatis.session.defaults.DefaultSqlSessionFactory。注意，在大部分情况下我们都没有必要自己去创建新的 SqlSessionFactory 的实现类。

这种创建的方式就是一种 Builder 模式。对于复杂的对象而言，直接使用构造方法构建是有困难的，这会导致大量的逻辑放在构造方法中，由于对象的复杂性，在构建的时候，我们更希望一步步有秩序的来构建它，从而降低其复杂性。这个时候使用一个参数类总领全局，例如，Configuration 类，然后分步构建，例如，DefaultSqlSessionFactory 类，就可以构建一个复杂的对象，例如，SqlSessionFactory，这种方式值得我们在工作中学习和使用。

6.2.1　构建 Configuration

在 SqlSessionFactory 构建中，Configuration 是最重要的，它的作用如下。

- 读入配置文件，包括基础配置的 XML 文件和映射器的 XML 文件。
- 初始化基础配置，比如 MyBatis 的别名等，一些重要的类对象，例如，插件、映射器、ObjectFactory 和 typeHandler 对象。
- 提供单例，为后续创建 SessionFactory 服务并提供配置的参数。
- 执行一些重要的对象方法，初始化配置信息。

显然 Confinguration 不会是一个很简单的类，MyBatis 的配置信息都会来自于此。有兴趣的读者可以读读源码，几乎所有的配置都可以在这里找到踪影。我们在第 2 章看到的配置，全部都会被读入这里并保存为一个单例。Configuration 是通过 XMLConfigBuilder 去构建的。首先，MyBatis 会读出所有 XML 配置的信息。然后，将这些信息保存到 Configuration 类的单例中。它会做如下初始化。

- properties 全局参数。
- settings 设置。
- typeAliases 别名。
- typeHandler 类型处理器。
- ObjectFactory 对象。
- plugin 插件。
- environment 环境。
- DatabaseIdProvider 数据库标识。
- Mapper 映射器。

6.2.2　映射器的内部组成

除了插件外，我们在第 2 和第 3 章详细讨论了其他大部分的对象的用法，由于插件需要频繁访问映射器的内部组成，我们有必要单独研究一下映射器的内部组成，所以这节也是本章的重点内容之一，使用插件前务必先掌握好本节内容。

一般而言，一个映射器是由 3 个部分组成：

- MappedStatement，它保存映射器的一个节点（select|insert|delete|update）。包括许多我们配置的 SQL、SQL 的 id、缓存信息、resultMap、parameterType、resultType、languageDriver 等重要配置内容。
- SqlSource，它是提供 BoundSql 对象的地方，它是 MappedStatement 的一个属性。
- BoundSql，它是建立 SQL 和参数的地方。它有 3 个常用的属性：SQL、parameterObject、parameterMappings，稍后我们会讨论它们。

这些都是映射器的重要内容，也是 MyBatis 的核心内容。在插件的应用中常常会用到它们。映射器的解析过程是比较复杂的，但是在大部分的情况下，我们并不需要去理会解析和组装 SQL 的规则，因为大部分的插件只要做很小的改变即可，无需做很大的改变。大的改变可能导致重写这些内容。所以我们主要关注参数和 SQL。

先看看映射器的内部组成，如图 6-3 所示。

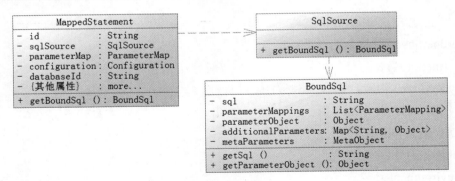

图 6-3　映射器的内部组成

注意，这里笔者并没有将所有的方法和属性都列举出来，只列举了主要的属性和方法。

MappedStatement 对象涉及的东西较多，我们一般都不去修改它，因为容易产生不必要的错误。SqlSource 是一个接口，它的主要作用是根据参数和其他的规则组装 SQL（包括第

5 章的动态 SQL），这些都是很复杂的东西，好在 MyBatis 本身已经实现了它，一般也不需要去修改它。对于参数和 SQL 而言，主要的规则都反映在 BoundSql 类对象上，在插件中往往需要拿到它进而可以拿到当前运行的 SQL 和参数以及参数规则，做出适当的修改，来满足我们特殊的需求。

BoundSql 会提供 3 个主要的属性：parameterMappings、parameterObject 和 sql。

- 其中 parameterObject 为参数本身。通过第 4 章，我们可以传递简单对象，POJO、Map 或者@Param 注解的参数，由于它在插件中相当常用我们有必要讨论一下它的规则。

- 传递简单对象（包括 int、String、float、double 等），比如当我们传递 int 类型时，MyBatis 会把参数变为 Integer 对象传递，类似的 long、String、float、double 也是如此。

- 如果我们传递的是 POJO 或者 Map，那么这个 parameterObject 就是你传入的 POJO 或者 Map 不变。

- 当然我们也可以传递多个参数，如果没有@Param 注解，那么 MyBatis 就会把 parameterObject 变为一个 Map<String, Object>对象，其键值的关系是按顺序来规划的，类似于这样的形式 {"1"：p1,"2":p2,"3"：p3....,"param1":p1，"param2":p2,"param3":p3......}，所以在编写的时候我们都可以使用#{param1}或者#{1}去引用第一个参数。

- 如果我们使用@Param 注解，那么 MyBatis 就会把 parameterObject 也会变为一个 Map<String, Object>对象，类似于没有@Param 注解，只是把其数字的键值对应置换为了@Param 注解的键值。比如我们注解@Param("key1") String p1, @Param("key2") int p2, @Param("key3") Role p3,那么这个 parameterObject 对象就是一个 Map<String, Object>，它的键值包含：{"key1"：p1,"key2"：p2, "key3"：p3,"param1"：p1,"param2"：p2,"param3"：p3}。

- parameterMappings，它是一个 List，每一个元素都是 ParameterMapping 的对象。这个对象会描述我们的参数。参数包括属性、名称、表达式、javaType、jdbcType、typeHandler 等重要信息，我们一般不需要去改变它。通过它可以实现参数和 SQL 的结合，以便 PreparedStatement 能够通过它找到 parameterObject 对象的属性并设置参数，使得程序准确运行。

- sql 属性就是我们书写在映射器里面的一条 SQL，在大多数时候无需修改它，只有在插件的情况下，我们可以根据需要进行改写。改写 SQL 将是一件危险的事情，请务必慎重行事。

6.2.3 构建 SqlSessionFactory

有了 Configuration 对象构建 SqlSessionFactory 就很简单了，我们只要写很简短的代码便可以了。

```
sqlSessionFactory = new SqlSessionFactoryBuilder().build(inputStream);
```

MyBatis 会根据 Configuration 的配置读取所配置的信息，构建 SqlSessionFactory 对象。

6.3   SqlSession 运行过程

SqlSession 的运行过程是本章的重点和难点，也是整个 MyBatis 最难以理解的部分。SqlSession 是一个接口，使用它并不复杂。我们构建 SqlSessionFactory 就可以轻易地拿到 SqlSession 了。SqlSession 给出了查询、插入、更新、删除的方法，在旧版本的 MyBatis 或 iBatis 中常常使用这些接口方法，而在新版的 MyBatis 中我们建议使用 Mapper，所以它就是 MyBatis 最为常用和重要的接口之一。

但是，SqlSession 内部可没有那么容易，因为它的内部实现相当复杂，在后面我们会详细讨论其实现方式。本章的每一节都是承上启下的，我们需要一步步地掌握本章内容，一旦脱节你很容易迷失在过程中。

6.3.1   映射器的动态代理

Mapper 映射是通过动态代理来实现的，我们首先来看看代码清单 6-7。

代码清单 6-7：MapperProxyFactory.java

```
public class MapperProxyFactory<T> {

.......

  @SuppressWarnings("unchecked")
  protected T newInstance(MapperProxy<T> mapperProxy) {
    return  (T)  Proxy.newProxyInstance(mapperInterface.getClassLoader(),
```

```
new Class[] { mapperInterface }, mapperProxy);
  }

  public T newInstance(SqlSession sqlSession) {
    final MapperProxy<T> mapperProxy = new MapperProxy<T>(sqlSession,
mapperInterface, methodCache);
    return newInstance(mapperProxy);
  }

}
```

这里我们可以看到动态代理对接口的绑定，它的作用就是生成动态代理对象（占位）。而代理的方法则被放到了 **MapperProxy** 类中。

我们探讨一下 **MapperProxy** 的源码，如代码清单 6-8 所示。

代码清单 6-8：MapperProxy.java

```
public class MapperProxy<T> implements InvocationHandler, Serializable {
......
@Override
  public Object invoke(Object proxy, Method method, Object[] args) throws
Throwable {
    if (Object.class.equals(method.getDeclaringClass())) {
      try {
        return method.invoke(this, args);
      } catch (Throwable t) {
        throw ExceptionUtil.unwrapThrowable(t);
      }
    }
    final MapperMethod mapperMethod = cachedMapperMethod(method);
    return mapperMethod.execute(sqlSession, args);
  }
......
  }
```

上面运用了 invoke 方法。一旦 mapper 是一个代理对象，那么它就会运行到 invoke 方法里面，invoke 首先判断它是否是一个类，显然这里 Mapper 是一个接口不是类，所以判定失败。那么就会生成 MapperMethod 对象，它是通过 cachedMapperMethod 方法对其初始化的，然后执行 execute 方法，把 sqlSession 和当前运行的参数传递进去。

让我们看看这个 execute 方法的源码，如代码清单 6-9 所示。

代码清单 6-9：MapperProxy.java

```java
public class MapperMethod {
    private final SqlCommand command;
private final MethodSignature method;
......
    public Object execute(SqlSession sqlSession, Object[] args) {
      Object result;
      if (SqlCommandType.INSERT == command.getType()) {
        Object param = method.convertArgsToSqlCommandParam(args);
        result = rowCountResult(sqlSession.insert(command.getName(), par
am));
      } else if (SqlCommandType.UPDATE == command.getType()) {
        Object param = method.convertArgsToSqlCommandParam(args);
        result = rowCountResult(sqlSession.update(command.getName(), par
am));
      } else if (SqlCommandType.DELETE == command.getType()) {
        Object param = method.convertArgsToSqlCommandParam(args);
        result = rowCountResult(sqlSession.delete(command.getName(), par
am));
      } else if (SqlCommandType.SELECT == command.getType()) {
        if (method.returnsVoid() && method.hasResultHandler()) {
          executeWithResultHandler(sqlSession, args);
          result = null;
        } else if (method.returnsMany()) {
          result = executeForMany(sqlSession, args);//我们主要看看这个方法
        } else if (method.returnsMap()) {
          result = executeForMap(sqlSession, args);
        } else {
          Object param = method.convertArgsToSqlCommandParam(args);
          result = sqlSession.selectOne(command.getName(), param);
        }
      } else if (SqlCommandType.FLUSH == command.getType()) {
        result = sqlSession.flushStatements();
      } else {
        throw new BindingException("Unknown execution method for: " + co
mmand.getName());
      }
      if (result == null && method.getReturnType().isPrimitive() && !met
hod.returnsVoid()) {
```

```
          throw new BindingException("Mapper method '" + command.getName()

            + " attempted to return null from a method with a primitive
return type (" + method.getReturnType() + ").");
      }
      return result;
    }
  ........
    //方法还是很多的，我们不需要全看，看一个常用的查询返回多条记录的方法即可
    private <E> Object executeForMany(SqlSession sqlSession, Object[] ar
gs) {
      List<E> result;
      Object param = method.convertArgsToSqlCommandParam(args);
      if (method.hasRowBounds()) {
        RowBounds rowBounds = method.extractRowBounds(args);
        result = sqlSession.<E>selectList(command.getName(), param, rowB
ounds);
      } else {
        result = sqlSession.<E>selectList(command.getName(), param);
      }
      // issue #510 Collections & arrays support
      if (!method.getReturnType().isAssignableFrom(result.getClass())) {

        if (method.getReturnType().isArray()) {
          return convertToArray(result);
        } else {
          return convertToDeclaredCollection(sqlSession.getConfiguration
(), result);
        }
      }
      return result;
    }
  .......
    }
```

MapperMethod 采用命令模式运行，根据上下文跳转，它可能跳转到许多方法中，我们不需要全部明白。我们可以看到里面的 executeForMany 方法，再看看它的实现，实际上它最后就是通过 sqlSession 对象去运行对象的 SQL。

至此，相信大家已经了解了 MyBatis 为什么只用 Mappper 接口便能够运行 SQL，因为

映射器的 XML 文件的命名空间对应的便是这个接口的全路径，那么它根据全路径和方法名便能够绑定起来，通过动态代理技术，让这个接口跑起来。而后采用命令模式，最后还是使用 SqlSession 接口的方法使得它能够执行查询，有了这层封装我们便可以使用接口编程，这样编程就更简单了。

6.3.2　SqlSession 下的四大对象

我们已经知道了映射器其实就是一个动态代理对象，进入到了 MapperMethod 的 execute 方法。它经过简单判断就进入了 SqlSession 的删除、更新、插入、选择等方法，那么这些方法如何执行呢？这是我们需要关心的问题，也是正确编写插件的根本。

显然通过类名和方法名字就可以匹配到我们配置的 SQL，我们不需要去关心这些细节，我们关心的是设计框架。Mapper 执行的过程是通过 Executor、StatementHandler、ParameterHandler 和 ResultHandler 来完成数据库操作和结果返回的。

- Executor 代表执行器，由它来调度 StatementHandler、ParameterHandler、ResultHandler 等来执行对应的 SQL。
- StatementHandler 的作用是使用数据库的 Statement (PreparedStatement）执行操作，它是四大对象的核心，起到承上启下的作用。
- ParameterHandler 用于 SQL 对参数的处理。
- ResultHandler 是进行最后数据集（ResultSet）的封装返回处理的。

下面我们逐一分析讲解这四个对象的生成和运作原理。到这里我们已经来到了 MyBatis 的底层设计，对 Java 语言基础不牢的读者来说，这将是一次挑战。

6.3.2.1　执行器

执行器（Executor）起到了至关重要的作用。它是一个真正执行 Java 和数据库交互的东西。在 MyBatis 中存在三种执行器。我们可以在 MyBatis 的配置文件中进行选择，具体请参看 3.2 节关于 setting 元素的属性 defaultExecutorType 的说明。

- SIMPLE，简易执行器，不配置它就是默认执行器。
- REUSE，是一种执行器重用预处理语句。
- BATCH，执行器重用语句和批量更新，它是针对批量专用的执行器。

它们都提供了查询和更新的方法，以及相关的事务方法。这些和其他框架并无不同，不过我们要了解一下它们是如何构造的，让我们来看看 MyBatis 如何创建 Executor，如代码清单 6-10 所示。

代码清单 6-10：执行器生成

```
public  Executor  newExecutor(Transaction  transaction,  ExecutorType
executorType) {
    executorType = executorType == null ? defaultExecutorType : executorType;
    executorType = executorType == null ? ExecutorType.SIMPLE : executorType;
    Executor executor;
    if (ExecutorType.BATCH == executorType) {
      executor = new BatchExecutor(this, transaction);
    } else if (ExecutorType.REUSE == executorType) {
      executor = new ReuseExecutor(this, transaction);
    } else {
      executor = new SimpleExecutor(this, transaction);
    }
    if (cacheEnabled) {
      executor = new CachingExecutor(executor);
    }
    executor = (Executor) interceptorChain.pluginAll(executor);
    return executor;
}
```

如同描述的一样，MyBatis 将根据配置类型去确定你需要创建三种执行器中的哪一种，在创建对象后，它会去执行下面这样一行代码。

```
interceptorChain.pluginAll(executor);
```

这就是 MyBatis 的插件，这里它将为我们构建一层层的动态代理对象。在调度真实的 Executor 方法之前执行配置插件的代码可以修改。现在不妨先看看执行器方法内部，以 SIMPLE 执行器 SimpleExecutor 的查询方法作为例子进行讲解，如代码清单 6-11 所示。

代码清单 6-11：SimpleExecutor.java 执行器的执行过程

```
public class SimpleExecutor extends BaseExecutor {
  ......
    @Override
  public <E> List<E> doQuery(MappedStatement ms, Object parameter, RowBounds
rowBounds,  ResultHandler  resultHandler,  BoundSql  boundSql)  throws
SQLException {
```

```
    Statement stmt = null;
    try {
      Configuration configuration = ms.getConfiguration();
      StatementHandler handler = configuration.newStatementHandler(wrapper,
ms, parameter, rowBounds, resultHandler, boundSql);
      stmt = prepareStatement(handler, ms.getStatementLog());
      return handler.<E>query(stmt, resultHandler);
    } finally {
      closeStatement(stmt);
    }
  }
private Statement prepareStatement(StatementHandler handler, Log statementLog)
throws SQLException {
    Statement stmt;
    Connection connection = getConnection(statementLog);
    stmt = handler.prepare(connection);
    handler.parameterize(stmt);
    return stmt;
  }
  ......
}
```

显然 MyBatis 根据 Configuration 来构建 StatementHandler，然后使用 prepareStatement 方法，对 SQL 编译并对参数进行初始化，我们在看它的实现过程，它调用了 StatementHandler 的 prepare() 进行了预编译和基础设置，然后通过 StatementHandler 的 parameterize() 来设置参数并执行，resultHandler 再组装查询结果返回给调用者来完成一次查询。这样我们的焦点又转移到了 StatementHandler 上。

6.3.2.2　数据库会话器

顾名思义，数据库会话器（StatementHandler）就是专门处理数据库会话的，让我们先来看看 MyBatis 是如何创建 StatementHandler 的，再看 Configuration.java 生成会话器的地方，如代码清单 6-12 所示。

代码清单 6-12：创建 StatementHander

```
  public StatementHandler newStatementHandler(Executor executor, MappedStatement
mappedStatement, Object parameterObject, RowBounds rowBounds, ResultHandler
resultHandler, BoundSql boundSql) {
    StatementHandler statementHandler = new RoutingStatementHandler
(executor, mappedStatement, parameterObject, rowBounds, resultHandler,
```

```
boundSql);
    statementHandler = (StatementHandler) interceptorChain.pluginAll
(statementHandler);
    return statementHandler;
  }
```

很显然创建的真实对象是一个 RoutingStatementHandler 对象，它实现了接口 StatementHandler。和 Executor 一样，用代理对象做一层层的封装，第 7 章我们会讨论它。

RoutingStatementHandler 不是我们真实的服务对象，它是通过适配模式找到对应的 StatementHandler 来执行的。在 MyBatis 中，StatementHandler 和 Executor 一样分为三种：SimpleStatementHandler、PreparedStatementHandler、CallableStatementHandler。它所对应的是 6.3.2.1 节讨论的三种执行器。

在初始化 RoutingStatementHandler 对象的时候它会根据上下文环境决定创建哪个 StatementHandler 对象，我们看看 RoutingStatementHandler 的源码，如代码清单 6-13 所示。

代码清单 6-13：RoutingStatementHandler 的源码

```
public class RoutingStatementHandler implements StatementHandler {

  private final StatementHandler delegate;

  public RoutingStatementHandler(Executor executor, MappedStatement ms,
Object parameter, RowBounds rowBounds, ResultHandler resultHandler,
BoundSql boundSql) {

    switch (ms.getStatementType()) {
    case STATEMENT:
      delegate = new SimpleStatementHandler(executor, ms, parameter,
rowBounds, resultHandler, boundSql);
      break;
    case PREPARED:
      delegate = new PreparedStatementHandler(executor, ms, parameter,
rowBounds, resultHandler, boundSql);
      break;
    case CALLABLE:
      delegate = new CallableStatementHandler(executor, ms, parameter,
rowBounds, resultHandler, boundSql);
      break;
    default:
```

```
        throw new ExecutorException("Unknown statement type: " + ms.
getStatementType());
    }
  }
......
  }
```

数据库会话器定义了一个对象的适配器 delegate，它是一个 StatementHandler 接口对象，构造方法根据配置来适配对应的 StatementHandler 对象。它的作用是给实现类对象的使用提供一个统一、简易的使用适配器。此为对象的适配模式，可以让我们使用现有的类和方法对外提供服务，也可以根据实际的需求对外屏蔽一些方法，甚至是加入新的服务。

我们现在以最常用的 PreparedStatementHandler 为例，看看 MyBatis 是怎么执行查询的。在讲解执行器时我们看到了它的三个主要的方法，prepare、parameterize 和 query，如代码清单 6-14 所示。

代码清单 6-14：BaseStatementHandler 的 prepare 方法

```
public abstract class BaseStatementHandler implements StatementHandler {
.......
    @Override
  public Statement prepare(Connection connection) throws SQLException {
    ErrorContext.instance().sql(boundSql.getSql());
    Statement statement = null;
    try {
      statement = instantiateStatement(connection);
      setStatementTimeout(statement);
      setFetchSize(statement);
      return statement;
    } catch (SQLException e) {
      closeStatement(statement);
      throw e;
    } catch (Exception e) {
      closeStatement(statement);
      throw new ExecutorException("Error preparing statement.  Cause: " + e,
e);
    }
  }
......
  }
```

instantiateStatement()方法是对 SQL 进行了预编译。首先，做一些基础配置，比如超时，获取的最大行数等的设置。然后，Executor 会调用 parameterize()方法去设置参数，它的方法如代码清单 6-15 所示。

代码清单 6-15：设置参数

```
@Override
public void parameterize(Statement statement) throws SQLException {
  parameterHandler.setParameters((PreparedStatement) statement);
}
```

这个时候它是调用 ParameterHandler 去完成的，6.3.2.3 节我们将讨论如何使用它，这里先学习 StatementHandler 的查询方法吧，如代码清单 6-16 所示。

代码清单 6-16：查询方法

```
public class PreparedStatementHandler extends BaseStatementHandler {
  ......
  @Override
  public <E> List<E> query(Statement statement, ResultHandler resultHandler)
throws SQLException {
  PreparedStatement ps = (PreparedStatement) statement;
  ps.execute();
  return resultSetHandler.<E> handleResultSets(ps);
}
  ......
}
```

由于在执行前参数和 SQL 都被 prepare()方法预编译，参数在 parameterize()方法上已经进行了设置。所以到这里已经很简单了。我们只要执行 SQL，然后返回结果就可以了。执行之后我们看到了 ResultSetHandler 对结果的封装和返回。

到了这里我们就很清楚一条查询 SQL 的执行过程了。

Executor 会先调用 StatementHandler 的 prepare()方法预编译 SQL 语句，同时设置一些基本运行的参数。然后用 parameterize()方法启用 ParameterHandler 设置参数，完成预编译，跟着就是执行查询，而 update()也是这样的，最后如果需要查询，我们就用 ResultSetHandler 封装结果返回给调用者。

这样我们就清楚了执行 SQL 的流程了，很多东西都已经豁然开朗，下面我们再讨论另外两个对象的使用，那就是 ParameterHandler 和 ResultSetHandler。

6.3.2.3　参数处理器

我们在 6.3.2.2 节中看到了 MyBatis 是通过参数处理器（ParameterHandler）对预编译语句进行参数设置的。它的作用是很明显的，那就是完成对预编译参数的设置。让我们先看它的定义，如代码清单 6-17 所示。

代码 6-17：ParameterHandler.java

```
public interface ParameterHandler {
  Object getParameterObject();
  void setParameters(PreparedStatement ps) throws SQLException;
}
```

其中，getParameterObject()方法的作用是返回参数对象，setParameters()方法的作用是设置预编译 SQL 语句的参数。

MyBatis 为 ParameterHandler 提供了一个实现类 DefaultParameterHandler，我们来看看 setParameters 的实现，如代码清单 6-18 所示。

代码 6-18：用参数处理器设置参数

```
public void setParameters(PreparedStatement ps) {
    ErrorContext.instance().activity("setting
parameters").object(mappedStatement.getParameterMap().getId());
    List<ParameterMapping> parameterMappings = boundSql.getParameterMappings();
    if (parameterMappings != null) {
      for (int i = 0; i < parameterMappings.size(); i++) {
        ParameterMapping parameterMapping = parameterMappings.get(i);
        if (parameterMapping.getMode() != ParameterMode.OUT) {
          Object value;
          String propertyName = parameterMapping.getProperty();
          if (boundSql.hasAdditionalParameter(propertyName)) { // issue #448
ask first for additional params
            value = boundSql.getAdditionalParameter(propertyName);
          } else if (parameterObject == null) {
            value = null;
          } else if (typeHandlerRegistry.hasTypeHandler(parameterObject.
getClass())) {
            value = parameterObject;
          } else {
```

```
            MetaObject metaObject = configuration.newMetaObject(parameterObject);
            value = metaObject.getValue(propertyName);
          }
          TypeHandler typeHandler = parameterMapping.getTypeHandler();
          JdbcType jdbcType = parameterMapping.getJdbcType();
          if (value == null && jdbcType == null) {
            jdbcType = configuration.getJdbcTypeForNull();
          }
          try {
            typeHandler.setParameter(ps, i + 1, value, jdbcType);
          } catch (TypeException e) {
            throw new TypeException("Could not set parameters for mapping: "
+ parameterMapping + ". Cause: " + e, e);
          } catch (SQLException e) {
            throw new TypeException("Could not set parameters for mapping: "
+ parameterMapping + ". Cause: " + e, e);
          }
        }
      }
    }
  }
```

我们可以看到它还是从 parameterObject 对象中取参数，然后使用 typeHandler 进行参数处理，这就和第 3 章的 typeHandler 配置一样，如果你有设置，那么它就会根据签名注册的 typeHandler 对参数进行处理。而 typeHandler 也是在 MyBatis 初始化的时候，注册在 Configuration 里面的，我们需要的时候可以直接拿来用。这样就完成了参数的设置。

6.3.2.4　结果处理器

有了 StatementHandler 的描述，我们知道它就是组装结果集返回的。我们再来看看结果处理器（ResultSetHandler）的接口定义，如代码清单 6-19 所示。

代码 6-19：结果处理器的接口定义

```
public interface ResultSetHandler {
  <E> List<E> handleResultSets(Statement stmt) throws SQLException;
  void handleOutputParameters(CallableStatement cs) throws SQLException;
}
```

其中，handleOutputParameters()方法是处理存储过程输出参数的，我们暂时不必管它，重点看一下 handleResultSets()方法，它是包装结果集的。MyBatis 同样为我们提供了一个 DefaultResultSetHandler 类，在默认的情况下都是通过这个类进行处理的。这个实现有些复杂，它涉及使用 JAVASSIST 或者 CGLIB 作为延迟加载，然后通过 typeHandler 和 ObjectFactory 进行组装结果再返回，笔者就不详细论述了，因为我们需要改变它们的概率很小。

我们现在清楚了一个 SqlSession 通过 Mapper 运行方式的运行原理，而通过 SqlSession 接口的查询、更新等方法也是类似的。至此，我们已经明确 MyBatis 底层的 SqlSession 内的秘密，也了解了它的工作原理。这为我们学习插件的运行奠定了坚实的基础。

6.3.3 SqlSession 运行总结

SqlSession 的运行原理十分重要，它是插件的基础，这里我们对一次查询或者更新进行总结以加深对 MyBatis 内部运行的掌握。SqlSession 内部运行图，如图 6-4 所示。

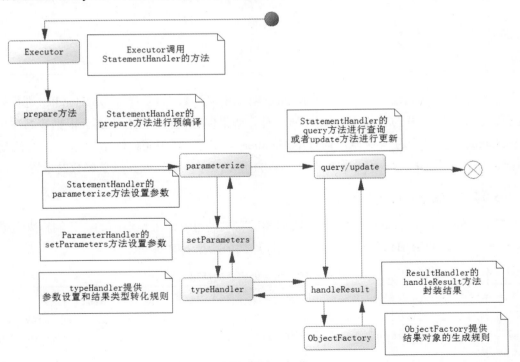

图 6-4　SqlSession 内部运行图

SqlSession 是通过 Executor 创建 StatementHandler 来运行的，而 StatementHandler 要经过下面三步。

- prepared 预编译 SQL。
- parameterize 设置参数。
- query/update 执行 SQL。

其中 parameterize 是调用 parameterHandler 的方法去设置的，而参数是根据类型处理器 typeHandler 去处理的。query/update 方法是通过 resultHandler 进行处理结果的封装，如果是 update 的语句，它就返回整数，否则它就通过 typeHandler 处理结果类型，然后用 ObjectFactory 提供的规则组装对象，返回给调用者。这便是 SqlSession 执行的过程，我们清楚了四大对象是如何协作的，同时也更好地理解了 typeHandler 和 ObjectFactory 在 MyBatis 中的应用。

第 **7** 章
插件

第 6 章讨论了四大对象的运行过程，在 Configuration 对象的创建方法里我们看到了 MyBatis 用责任链去封装它们。换句话说，我们有机会在四大对象调度的时候插入我们的代码去执行一些特殊的要求以满足特殊的场景需求，这便是 MyBatis 的插件技术。

在没能完全理解插件的时候谈论插件是十分危险的。使用插件就意味着在修改 MyBatis 的底层封装，它给予我们灵活性的同时，也给了我们毁灭 MyBatis 框架的可能性，操作不慎有可能摧毁 MyBatis 框架，只有掌握了 MyBatis 的四大对象的协作过程和插件的实现原理，你才能构建出安全高效的插件，所以笔者在完成第 6 章的基础上，在这里详细讨论插件的设计和应用。

万事开头难，我们从插件的基本概念开始。需要再次提醒大家的是插件很危险，能不使用尽量不要使用，非要使用时请慎重使用。

7.1 插件接口

在 MyBatis 中使用插件，我们就必须实现接口 Interceptor，让我们先看看它的定义和各个方法的含义，如代码清单 7-1 所示。

代码清单 7-1：Interceptor.java

```
public interface Interceptor {

    Object intercept(Invocation invocation) throws Throwable;

    Object plugin(Object target);
```

```
    void setProperties(Properties properties);

}
```

在接口中，运用了 3 个方法，让我们先掌握这 3 个方法的含义。

- intercept 方法：它将直接覆盖你所拦截对象原有的方法，因此它是插件的核心方法。intercept 里面有个参数 Invocation 对象，通过它可以反射调度原来对象的方法，我们稍后讨论它的设计和使用。

- plugin 方法：target 是被拦截对象，它的作用是给被拦截对象生成一个代理对象，并返回它。为了方便 MyBatis 使用 org.apache.ibatis.plugin.Plugin 中的 wrap 静态(static)方法提供生成代理对象，我们往往使用 plugin 方法便可以生成一个代理对象了。当然你也可以自定义。自定义去实现的时候，需要特别小心。

- setProperties 方法：允许在 plugin 元素中配置所需参数，方法在插件初始化的时候就被调用了一次，然后把插件对象存入到配置中，以便后面再取出。

这里我们看到了插件的骨架，这样的模式我们称为模板(template)模式，就是提供一个骨架，并且告知骨架中的方法是干什么用的，由开发者来完成它。在实际中，我们常常用到模板模式。

7.2　插件的初始化

插件的初始化是在 MyBatis 初始化的时候完成的，这点我们通过 XMLConfigBuilder 中的代码便可知道，如代码清单 7-2 所示。

代码清单 7-2：插件初始化

```
private void pluginElement(XNode parent) throws Exception {
    if (parent != null) {
        for (XNode child : parent.getChildren()) {
            String interceptor = child.getStringAttribute("interceptor");
            Properties properties = child.getChildrenAsProperties();
            Interceptor interceptorInstance = (Interceptor) resolveClass
(interceptor).newInstance();
            interceptorInstance.setProperties(properties);
            configuration.addInterceptor(interceptorInstance);
```

```
        }
      }
    }
```

在解析配置文件的时候，在 MyBatis 的上下文初始化过程中，就开始读入插件节点和我们配置的参数，同时使用反射技术生成对应的插件实例，然后调用插件方法中的 setProperties 方法，设置我们配置的参数，然后将插件实例保存到配置对象中，以便读取和使用它。所以插件的实例对象是一开始就被初始化的，而不是用到的时候才初始化的，我们使用它的时候，直接拿出来就可以了，这样有助于性能的提高。

我们再来看看插件在 Configuration 对象里是怎样保存的，如代码清单 7-3 所示。

代码清单 7-3：插件在 Configuration 中的保存

```
public void addInterceptor(Interceptor interceptor) {
    interceptorChain.addInterceptor(interceptor);
}
```

interceptorChain 在 Configuration 里面是一个属性，它里面有个 addInterceptor 方法，如代码清单 7-4 所示。

代码清单 7-4：addInterceptor 方法

```
private final List<Interceptor> interceptors = new ArrayList<Interceptor>();
......
public void addInterceptor(Interceptor interceptor) {
    interceptors.add(interceptor);
}
```

显然，完成初始化的插件就保存在这个 List 对象里面等待将其取出使用。

7.3 插件的代理和反射设计

插件用的是责任链模式。首先什么是责任链模式，就是一个对象，在 MyBatis 中可能是四大对象中的一个，在多个角色中传递，处在传递链上的任何角色都有处理它的机会。这句话还是很抽象，打个比方，你在公司中是个重要人物，你需要请假 3 天。那么，请假流程是，首先你需要项目经理批准，然后部门经理批准，最后总裁批准才能完成。你的请假请求就是一个对象，它经过项目经理、部门经理、总裁多个角色审批处理，每个角色都可以对你的请假请求作出修改和批示。这就是责任链模式，它的作用是让每一个在责任链上的角色都有机会去拦截这个对象。在将来如果有新的角色也可以轻松拦截请求对象，进行处理。

MyBatis 的责任链是由 interceptorChain 去定义的，不知道读者是否记得 MyBatis 在创建执行器时用到过这样的代码。

```
executor = (Executor) interceptorChain.pluginAll(executor);
```

我们不妨看看 pluginAll()方法是如何实现的，如代码清单 7-5 所示。

代码清单 7-5：interceptorChain 中的 pluginAll

```
public Object pluginAll(Object target) {
    for (Interceptor interceptor : interceptors) {
        target = interceptor.plugin(target);
    }
    return target;
}
```

我们知道 plugin 方法是生成代理对象的方法，当它取出插件的时候是从 Configuration 对象中去取出的。从第一个对象（四大对象中的一个）开始，将对象传递给了 plugin 方法，然后返回一个代理；如果存在第二个插件，那么我们就拿到第一个代理对象，传递给 plugin 方法再返回第一个代理对象的代理……依此类推，有多少个拦截器就生成多少个代理对象。这样每一个插件都可以拦截到真实的对象了。这就好比每一个插件都可以一层层处理被拦截的对象。其实读者只要认真阅读 MyBatis 的源码，就可以发现 MyBatis 的四大对象也是这样处理的。

如果要我们自己编写代理类，工作量会很大，为此 MyBatis 中提供了一个常用的工具类，用来生成代理对象，它便是 Plugin 类。Plugin 类实现了 InvocationHandler 接口，采用的是 JDK 的动态代理，我们先看看这个类的两个十分重要的方法，如代码清单 7-6 所示。

代码清单 7-6：MyBatis 提供生成代理对象的 Plugin 类

```
public class Plugin implements InvocationHandler {
......
public static Object wrap(Object target, Interceptor interceptor) {
    Map<Class<?>, Set<Method>> signatureMap = getSignatureMap(interceptor);
    Class<?> type = target.getClass();
```

```
    Class<?>[] interfaces = getAllInterfaces(type, signatureMap);
    if (interfaces.length > 0) {
      return Proxy.newProxyInstance(
          type.getClassLoader(),
          interfaces,
          new Plugin(target, interceptor, signatureMap));
    }
    return target;
  }

  @Override
  public Object invoke(Object proxy, Method method, Object[] args) throws
Throwable {
    try {
      Set<Method> methods = signatureMap.get(method.getDeclaringClass());
      if (methods != null && methods.contains(method)) {
        return interceptor.intercept(new Invocation(target, method, args));
      }
      return method.invoke(target, args);
    } catch (Exception e) {
      throw ExceptionUtil.unwrapThrowable(e);
    }
  }
......
  }
```

我们看到它是一个动态代理对象，其中 wrap 方法为我们生成这个对象的动态代理对象。

我们再看 invoke 方法，如果你使用这个类为插件生成代理对象，那么代理对象在调用方法的时候就会进入到 invoke 方法中。在 invoke 方法中，如果存在签名的拦截方法，插件的 intercept 方法就会被我们在这里调用，然后就返回结果。如果不存在签名方法，那么将直接反射调度我们要执行的方法。

我们创建一个 Invocation 对象，其构造方法的参数包括被代理的对象、方法及其参数。Invocation 对象进行初始化，它有一个 proceed()方法，如代码清单 7-7 所示。

代码清单 7-7：反射调用被代理对象的 proceed()方法

```
    public Object proceed() throws InvocationTargetException, IllegalAccess
Exception {
```

```
    return method.invoke(target, args);
}
```

这个方法就是调度被代理对象的真实方法。现在假设有 n 个插件，我们知道第一个传递的参数是四大对象的本身，然后调用一次 wrap 方法产生第一个代理对象，而这里的反射就是反射四大对象本身的真实方法。如果有第二个插件，我们会将第一个代理对象传递给 wrap 方法，生成第二个代理对象，这里的反射就是指第一个代理对象的 invoke 方法，依此类推直至最后一个代理对象。如果每一个代理对象都调用这个 proceed 方法，那么最后四大对象本身的方法也会被调用，只是它会从最后一个代理对象的 invoke 方法运行到第一个代理对象的 invoke 方法，直至四大对象的真实方法。

在初始化的时候，我们一个个的加载插件实例，并用 setProperties()方法进行初始化。我们可以使用 MyBatis 提供的 Plugin.wrap 方法去生成代理对象，再一层层地使用 Invocation 对象的 proceed()方法来推动代理对象运行。所以在多个插件的环境下，调度 proceed()方法时，MyBatis 总是从最后一个代理对象运行到第一个代理对象，最后是真实被拦截的对象方法被运行。大部分情况下，使用 MyBatis 的 Plugin 类生成代理对象足够我们使用，当然如果你觉得自己可以写规则，也可以不用这个类，我们必须慎之又慎使用这个方法，因为它将覆盖底层的方法。

7.4　常用的工具类——MetaObject

在编写插件之前我们需要去学习一个 MyBatis 的工具类——MetaObject，它可以有效读取或者修改一些重要对象的属性。在 MyBatis 中，四大对象给我们提供的 public 设置参数的方法很少，我们难以通过其自身得到相关的属性信息，但是有了 MetaObject 这个工具类我们就可以通过其他的技术手段来读取或者修改这些重要对象的属性。在 MyBatis 插件中它是一个十分常用的工具类。

它有 3 个方法常常被我们用到。

- MetaObject forObject(Object object、ObjectFactory objectFactory、ObjectWrapper Factory objectWrapperFactory)方法用于包装对象。这个方法我们已经不再使用了，而是用 MyBatis 为我们提供的 SystemMetaObject.forObject(Object obj)。
- Object getValue(String name)方法用于获取对象属性值，支持 OGNL。

- void setValue(String name、Object value)方法用于修改对象属性值，支持 OGNL。

在 MyBatis 对象中大量使用了这个类进行包装，包括四大对象，使得我们可以通过它来给四大对象的某些属性赋值从而满足我们的需要。

例如，拦截 StatementHandler 对象，我们需要先获取它要执行的 SQL 修改它的一些值。这时候我们可以使用 MetaObject，它为我们提供了如代码清单 7-8 所示的方法。

代码清单 7-8：在插件下修改运行参数

```
StatementHandler statementHandler = (StatementHandler) invocation.getTarget();
        MetaObject metaStatementHandler = SystemMetaObject.forObject
(statementHandler);
        //进行绑定
        // 分离代理对象链(由于目标类可能被多个拦截器拦截，从而形成多次代理，通过循环可
以分离出最原始的目标类)
        while (metaStatementHandler.hasGetter("h")) {
            Object object = metaStatementHandler.getValue("h");
            metaStatementHandler = SystemMetaObject.forObject(object);
        }

        //BoundSql 对象是处理 SQL 语句用的
        String sql = (String)metaStatementHandler.getValue ("delegate.
boundSql. sql");
        //判断 SQL 是否是 select 语句，如果不是 select 语句，那么就出错了
        //如果是，则修改它，最多返回 1000 行，这里用的是 MySQL 数据库，其他数据库要改写
成其他
        if (sql != null && sql.toLowerCase().trim().indexOf("select") == 0) {
            //通过 SQL 重写来实现，这里我们起了一个奇怪的别名，避免与表名重复
            sql = "select * from (" + sql + ") $_$limit_$table_ limit 1000";
            metaStatementHandler.setValue("delegate.boundSql.sql", sql);
        }
```

从第 6 章可以知道我们拦截的 StatementHandler 实际是 RoutingStatementHandler 对象，它的 delegate 属性才是真实服务的 StatementHandler，真实的 StatementHandler 有一个属性 BoundSql，它下面又有一个属性 sql。所以才有了路径 delegate.boundSql.sql。我们就可以通过这个路径去获取或者修改对应运行时的 SQL。通过这样的改写，就可以限制所有查询的 SQL 都只能至多返回 1000 行记录。

由此可见，我们必须掌握好 6.2.2 节关于映射器解析的内容，才能准确的在插件中使用

这个类，来获取或改变 MyBatis 内部对象的一些重要的属性值，这对编写插件是非常重要的。

7.5　插件开发过程和实例

有了对插件的理解，我们再学习插件的运用就简单多了。例如，开发一个互联网项目需要去限制每一条 SQL 返回数据的行数。限制的行数需要是个可配置的参数，业务可以根据自己的需要去配置。这样很有必要，因为大型互联网系统一旦同时传输大量数据很容易宕机。这里我们可以通过修改 SQL 来完成它。

7.5.1　确定需要拦截的签名

正如 MyBatis 插件可以拦截四大对象中的任意一个一样。从 Plugin 源码中我们可以看到它需要注册签名才能够运行插件。签名需要确定一些要素。

1．确定需要拦截的对象

首先要根据功能来确定你需要拦截什么对象。

- Executor 是执行 SQL 的全过程，包括组装参数，组装结果集返回和执行 SQL 过程，都可以拦截，较为广泛，我们一般用的不算太多。
- StatementHandler 是执行 SQL 的过程，我们可以重写执行 SQL 的过程。这是我们最常用的拦截对象。
- ParameterHandler，很明显它主要是拦截执行 SQL 的参数组装，你可以重写组装参数规则。
- ResultSetHandler 用于拦截执行结果的组装，你可以重写组装结果的规则。

我们清楚需要拦截的是 StatementHandler 对象，应该在预编译 SQL 之前，修改 SQL 使得结果返回数量被限制。

2．拦截方法和参数

当你确定了需要拦截什么对象，接下来就要确定需要拦截什么方法及方法的参数，这些都是在你理解了 MyBatis 四大对象运作的基础上才能确定的。

查询的过程是通过 Executor 调度 StatementHandler 来完成的。调度 StatementHandler 的

prepare 方法预编译 SQL，于是我们需要拦截的方法便是 prepare 方法，在此之前完成 SQL 的重新编写。让我们先看看 StatementHandler 接口的定义，如代码清单 7-9 所示。

代码清单 7-9：StatementHandler 接口的定义

```
public interface StatementHandler {

  Statement prepare(Connection connection)
      throws SQLException;

  void parameterize(Statement statement)
      throws SQLException;

  void batch(Statement statement)
      throws SQLException;

  int update(Statement statement)
      throws SQLException;

  <E> List<E> query(Statement statement, ResultHandler resultHandler)
      throws SQLException;

  BoundSql getBoundSql();

  ParameterHandler getParameterHandler();

}
```

以上的任何方法都可以拦截。从接口定义而言，prepare 方法有一个参数 Connection 对象，因此我们按代码清单 7-10 的方法来设计拦截器。

代码清单 7-10：定义插件的签名

```
@Intercepts({
    @Signature(type = StatementHandler.class,
          method = "prepare",
          args = {Connection.class})})
public class MyPlugin implements Interceptor {
......
}
```

其中，@Intercepts 说明它是一个拦截器。@Signature 是注册拦截器签名的地方，只有签名满足条件才能拦截，type 可以是四大对象中的一个，这里是 StatementHandler。method 代表要拦截四大对象的某一种接口方法，而 args 则表示该方法的参数，你需要根据拦截对象的方法参数进行设置。

7.5.2　实现拦截方法

这里说原理不如学习代码来得清晰明了，有了上面的原理分析，我们来看一个最简单的插件实现方法，如代码清单 7-11 所示，注意看代码注解你就很明白了。

代码清单 7-11：实现插件拦截方法

```
@Intercepts({@Signature(
        type = Executor.class, //确定要拦截的对象
        method ="update", //确定要拦截的方法
        args = {MappedStatement.class, Object.class}//拦截方法的参数
)})
public class MyPlugin implements Interceptor {
    Properties props = null;
    /**
     * 代替拦截对象方法的内容
     * @param invocation 责任链对象
     */
    @Override
    public Object intercept(Invocation invocation) throws Throwable {
        System.err.println("before.....");
        //如果当前代理的是一个非代理对象，那么它就回调用真实拦截对象的方法，如果不是
它会调度下个插件代理对象的 invoke 方法
        Object obj = invocation.proceed();
        System.err.println("after.....");
        return obj;
    }
    /**
     * 生成对象的代理，这里常用 MyBatis 提供的 Plugin 类的 wrap 方法
     * @param target 被代理的对象
     */
    @Override
    public Object plugin(Object target) {
        //使用 MyBatis 提供的 Plugin 类生成代理对象
        System.err.println("调用生成代理对象....");
        return Plugin.wrap(target, this);
```

```
    }
    /**
     * 获取插件配置的属性，我们在 MyBatis 的配置文件里面去配置
     * @param props 是 MyBatis 配置的参数
     */
    public void setProperties(Properties props) {
        System.err.println(props.get("dbType"));
        this.props = props;
    }
}
```

这就是一个最简单的插件，实现了一些简单的打印顺序功能，告诉大家一些常用的方法和含义。

7.5.3 配置和运行

我们需要在 MyBatis 配置文件里面配置才能够使用插件，如代码清单 7-12 所示。请注意 plugins 元素的配置顺序，你配错了顺序系统就会报错，让我们学习它。

代码清单 7-12：配置插件

```
<plugins>
<plugin interceptor="xxx.MyPlugin">
        <property name="dbType" value="mysql" />
</plugin>
</plugins>
```

显然，我们需要清楚配置的哪个类是插件。它会去解析注解，知道拦截哪个对象、方法和方法的参数，在初始化的时候就会调用 setProperties 方法，初始化参数。

让我们运行一个插入数据的操作，看看日志打印了什么。

```
mysql
log4j:WARN No appenders could be found for logger (org.apache.ibatis.
logging.LogFactory).
log4j:WARN Please initialize the log4j system properly.
log4j:WARN See http://logging.apache.org/log4j/1.2/faq.html#noconfig for
more info.
调用生成代理对象....
before.....
```

```
调用生成代理对象....
调用生成代理对象....
调用生成代理对象....
After.....
```

这里我们可以清晰地看到 MyBatis 调度插件的顺序。

7.5.4　插件实例

有了上面的知识来实现一个真实的插件就容易多了。在一个大型的互联网系统，我们使用的是 MySQL 数据库，对数据库查询返回数据量需要限制，以避免数据量过大造成网站瓶颈。假设这个数据量可以配置，当前要配置 50 条数据。让我们讨论一下它的实现。

首先我们先确定需要拦截四大对象中的哪一个，根据功能我们需要修改 SQL 的执行。SqlSession 运行原理告诉我们需要拦截的是 StatementHandler 对象，因为是由它的 prepare 方法来预编译 SQL 语句的，我们可以在预编译前修改语句来满足我们的需求。所以我们选择拦截 StatementHandler 的 prepare()方法，在它预编译前，需要重写 SQL，以达到要求的结果。它有一个参数（Connection connection），所以我们就很轻易地得到了签名注解，其实现方法如代码清单 7-13 所示。

代码清单 7-13：QueryLimitPlugin.java 限制返回行数拦截器

```java
@Intercepts({ @Signature(type = StatementHandler.class, // 确定要拦截的对象
method = "prepare", // 确定要拦截的方法
args = { Connection.class})// 拦截方法的参数
})
public class QueryLimitPlugin implements Interceptor {
    // 默认限制查询返回行数
    private int limit;

    private String dbType;

    //限制表中间别名，避免表重名所以起得怪些
    private static final  String LMT_TABLE_NAME = "limit_Table_Name_xxx";

    @Override
    public Object intercept(Invocation invocation) throws Throwable {
        //取出被拦截对象
```

```
        StatementHandler  stmtHandler  =  (StatementHandler)  invocation.
getTarget();
        MetaObject metaStmtHandler = SystemMetaObject.forObject(stmtHandler);
        // 分离代理对象，从而形成多次代理，通过两次循环最原始的被代理类，MyBatis 使用
的是 JDK 代理
        while (metaStmtHandler.hasGetter("h")) {
            Object object = metaStmtHandler.getValue("h");
            metaStmtHandler= SystemMetaObject.forObject(object);
        }
        // 分离最后一个代理对象的目标类
        while (metaStmtHandler.hasGetter("target")) {
            Object object = metaStmtHandler.getValue("target");
            metaStmtHandler = SystemMetaObject.forObject(object);
        }
        // 取出即将要执行的 SQL
        String sql = (String) metaStmtHandler.getValue("delegate.boundSql.sql");
        String limitSql;
        //判断参数是不是 MySQL 数据库且 SQL 有没有被插件重写过
        if ("mysql".equals(this.dbType) && sql.indexOf(LMT_TABLE_NAME) ==
-1) {
            //去掉前后空格
            sql = sql.trim();
            //将参数写入 SQL
            limitSql = "select * from (" + sql +") " + LMT_TABLE_NAME + "
limit " + limit;
            //重写要执行的 SQL
            metaStmtHandler.setValue("delegate.boundSql.sql", limitSql);
        }
        //调用原来对象的方法，进入责任链的下一层级
        return invocation.proceed();
    }

    @Override
    public Object plugin(Object target) {
        //使用默认的 MyBatis 提供的类生成代理对象
        return Plugin.wrap(target, this);
    }

    @Override
```

```
public void setProperties(Properties props) {
    String strLimit = (String)props.getProperty("limit", "50");
    this.limit = Integer.parseInt(strLimit);
        //这里我们读取设置的数据库类型
    this.dbType = (String) props.getProperty("dbtype", "mysql");
    }
}
```

在 setProperties 方法中可以读入配置给插件的参数，一个是数据库的名称，另外一个是限制的记录数。从初始化代码可知，它在 MyBaits 初始化的时候就已经被设置进去了，在需要的时候我们可以直接使用它。

在 plugin 方法里，我们使用了 MyBatis 提供的类来生成代理对象。那么插件就会进入 plugin 的 invoke 方法，它最后会使用到拦截器的 intercept 方法。

这个插件的 intercept 方法就会覆盖掉 StatementHandler 的 prepare 方法，我们先从代理对象分离出真实对象，然后根据需要修改 SQL，来达到限制返回行数的需求。最后使用 invocation.proceed() 来调度真实 StatementHandler 的 prepare 方法完成 SQL 预编译，最后需要在 MyBatis 配置文件里面配置才能运行这个插件，如代码清单 7-14 所示。

代码清单 7-14：配置插件

```xml
<plugins>
    <plugin interceptor="com.learn.chapter7.plugin.QueryLimitPlugin">
        <property name="dbtype" value="mysql"/>
        <property name="limit" value="50"/>
    </plugin>
</plugins>
```

配置 log4j 日志（具体请看第 2 章），运行一个查询语句，可以得到下面的日志信息。

```
DEBUG 2015-11-18 00:53:16,622 org.apache.ibatis.logging.LogFactory: Logging
initialized using 'class org.apache.ibatis.logging.slf4j.Slf4jImpl' adapter.
DEBUG 2015-11-18 00:53:16,653 org.apache.ibatis.datasource.pooled.PooledDataSource:
PooledDataSource forcefully closed/removed all connections.
DEBUG 2015-11-18 00:53:16,653 org.apache.ibatis.datasource.pooled.PooledDataSource:
PooledDataSource forcefully closed/removed all connections.
DEBUG 2015-11-18 00:53:16,654 org.apache.ibatis.datasource.pooled.PooledDataSource:
PooledDataSource forcefully closed/removed all connections.
```

```
DEBUG 2015-11-18 00:53:16,654 org.apache.ibatis.datasource.pooled.PooledDataSource:
PooledDataSource forcefully closed/removed all connections.
DEBUG    2015-11-18    00:53:16,741    org.apache.ibatis.transaction.jdbc.
JdbcTransaction: Opening JDBC Connection
DEBUG 2015-11-18 00:53:16,967 org.apache.ibatis.datasource.pooled.PooledDataSource:
Created connection 909295153.
DEBUG 2015-11-18 00:53:16,968 org.apache.ibatis.transaction.jdbc.JdbcTransa
ction:Setting autocommit to false on JDBC Connection [com.mysql.jdbc.JDBC4Connec
tion@3632be31]
DEBUG    2015-11-18    00:53:16,971    org.apache.ibatis.logging.jdbc.Base
JdbcLogger: ==> Preparing: select * from (SELECT id, role_name as roleName,
create_date as createDate, end_date as stopDate, end_flag as stopFlag, note
FROM t_role where role_name like concat('%', ?, '%')) limit_Table_Name_xxx
limit 50
DEBUG 2015-11-18 00:53:17,001 org.apache.ibatis.logging.jdbc.BaseJdbcLogger: ==>
Parameters: test(String)
DEBUG    2015-11-18    00:53:17,030    org.apache.ibatis.logging.jdbc.BaseJdbc
Logger: <==    Total: 2
DEBUG    2015-11-18    00:53:17,032    org.apache.ibatis.transaction.jdbc.Jdbc
Transaction: Resetting autocommit to true on JDBC Connection [com.mysql.jdbc.
JDBC4Connection@3632be31]
DEBUG 2015-11-18 00:53:17,033 org.apache.ibatis.transaction.jdbc.JdbcTransaction:
Closing JDBC Connection [com.mysql.jdbc.JDBC4Connection@3632be31]
DEBUG 2015-11-18 00:53:17,033 org.apache.ibatis.datasource.pooled.PooledDataSource:
Returned connection 909295153 to pool.
```

在通过反射调度 prepare()方法之前，SQL 被我们的插件重写了，所以无论什么查询都只可能返回至多 50 条数据，这样就可以限制一条语句的返回记录数，插件运行成功。

7.6　总结

在结束本章前，请大家注意以下 6 点。

- 能不用插件尽量不要用插件，因为它将修改 MyBatis 的底层设计。
- 插件生成的是层层代理对象的责任链模式，通过反射方法运行，性能不高，所以减少插件就能减少代理，从而提高系统的性能。

- 编写插件需要了解 MyBatis 的运行原理，了解四大对象及其方法的作用，准确判断需要拦截什么对象，什么方法，参数是什么，才能确定签名如何编写。
- 在插件中往往需要读取和修改 MyBatis 映射器中的对象属性，你需要熟练掌握 6.2.2 节关于 MyBatis 映射器内部组成的知识。
- 插件的代码编写要考虑全面，特别是多个插件层层代理的时候，要保证逻辑的正确性。
- 尽量少改动 MyBatis 底层的东西，以减少错误的发生。

第 8 章

MyBatis-Spring

本书主要讲解的是 MyBatis，所以对 Spring 的一些技术，例如，IOC（反转控制）和 AOP（面向切面编程），只是点到一些基础和书中需要使用的部分。

Spring 框架已经成为 Java 世界最为流行的 IOC 和 AOP 框架。通过 Spring 框架我们可以使用 IOC 的依赖注入，即插即拔功能；通过 AOP 框架，数据库事务可以委托给 Spring 处理，消除掉很大一部分的事务代码。在目前 Java 互联网技术中，Spring MVC 大行其道，它配合 MyBatis 的高度灵活、可配置、可优化 SQL 等特性，完全可以构建高性能的大型网站。毫无疑问，MyBatis 和 Spring 两大框架已经成了 Java 互联网技术的主流框架组合之一，它们经受住了大数据量和大批量请求的考验，在大型网站系统中得到了大量的应用。使用 MyBatis-Spring 使得业务层和模型层得到了更好的分离，与此同时在 Spring 环境中使用 MyBatis 也更加简单，节省了不少的代码。我们甚至不需要显式的使用 SqlSessionFactory、SqlSession 等对象。因为 MyBatis-Spring 为我们封装了它们。

MyBatis 提供了和 Spring 无缝对接的功能，它主要通过 mybatis-spring-x.x.x.jar 实现。本书使用的 MyBatis-Spring 版本为 1.2.3。我们可以在网上（http://mvnrepository.com/artifact/org. mybatis/mybatis-spring）下载它。

8.1 Spring 的基础知识

为了更好地讨论 MyBatis 在 Spring 项目中的应用，我们先谈谈 Spring 的基础知识。Spring 技术主要由两个基础的功能 IOC 和 AOP 构成。MyBatis-Spring 项目提供了一些基础的类，使得 Spring 能和 MyBatis 结合起来用，这个项目需要使用 mybatis-spring-x.x.x.jar 实现。不过在此之前我们先了解一下 Spring 的一些基础知识，其中包括 Spring IOC、Spring AOP 和 Spring 关于数据库事务的一些知识。

8.1.1　Spring IOC 基础

在 Java 基础教程中，我们往往使用创建关键字来完成对服务对象的创建。举个例子，我们有很多的 U 盘，它们都能够存储计算机的数据，但是它们可能来自不同的品牌，有金士顿（KingstonUSBDisk）的、闪迪（SanUSBDisk）的，或者其他满足 U 盘接口（USBDisk）规范的。如果我们用 new 方法，那么就意味着我们的接口只能用于某种特定品牌的 U 盘。

```
USBDisk usbDisk = new KingstonUSBDisk();
```

通过上面的操作，USBDisk 和 KingstonUSBDisk 就形成了耦合。换句话说，如果想用闪迪的 U 盘我需要修改源码才行。如果未来有更先进的 U 盘，那就要修改源码了，大型系统的资源多达成百上千，如果都采用这样的方式，系统会造成严重的耦合，不利于维护和扩展。

这个时候 IOC 理念来了，首先它不是一种技术，而是一种理念。假设我们不采用 new 方法，而是使用一种描述的方式，每一个 U 盘都有一段自己的描述，通过接口我们可以读入这些信息，根据这些信息注入对应的 U 盘，这样我们在维护源码的时候只需要去描述这些信息并且提供对应的服务即可，不需要去改动源码了。

仍以 U 盘为例，如果用的是闪迪 U 盘，那么在信息描述段给出的是闪迪 U 盘，系统就会根据这个信息去匹配对应的实现类，而无需用 new 方法去生成实现类。同样，如果用的是金士顿 U 盘，那么在信息描述段给出的就是金士顿，系统也会自动生成对应的服务注入到我们的系统中，而我们只需要通过描述就能获得资源，无需自己用 new 方法去创建资源和服务。

从上面的描述可以知道，我们往 Spring 中注入资源往往是通过描述来实现的，在 Spring 中往往是注解或者是 XML 描述。Spring 中的 IOC 注入方式分为下面这几种。

- 构造方法注入。
- setter 注入。
- 接口注入。

构造方法注入是依靠类的构造去实现的，对于一些参数较少的对象可以使用这个方式注入。比如角色类（TRole），它的构造方法中包含三个属性：编号（id）、角色名称（roleName）和备注（note）。我们需要进行如代码清单 8-1 所示的操作来构建它。

代码清单 8-1：用 Spring IOC 生成实例

```
<bean id="role" class="com.learn.mybatis.chapter8.pojo.TRole">
        <constructor-arg index="0" value="1" />
        <constructor-arg index="1" value="CEO" />
        <constructor-arg index="2" value="公司老大" />
</bean>
```

这样我们就描述了一个 TRole，它可以注入到其他的资源中。但是如果构造方法多，显然构造注入不是一个很好的方法，而 Spring 更加推荐使用 setter 注入。假设上例角色类还有一个没有参数的构造方法，它的三个属性，编号（id）、角色名称（roleName）和备注（note）都有 setter 方法，那么我们可以使用 setter 注入，如代码清单 8-2 所示。

代码清单 8-2：使用 Spring 的 setter 注入

```
<bean id="role" class="com.learn.mybatis.chapter8.pojo.TRole">
        <property name="id" value="1"/>
        <property name="roleName" value="CEO" />
        <property name="note" value="公司老大" />
</bean>
```

使用 setter 注入更加灵活，因为使用构造方法，会受到构造方法的参数个数、顺序这些因素干扰。侵入更加少，所以这是 Spring 首选的注入方式。

Spring 的接口注入方式。它是一种注入其他服务的接口，比如 JNDI 数据源的注入，在 Tomcat 或者其他的服务器中往往配置了 JNDI 数据源，那么就可以使用接口注入我们需要的资源，如代码清单 8-3 所示。

代码清单 8-3：使用 Spring 接口注入数据源

```
<bean id="dataSource" class="org.springframework.jndi.JndiObjectFactoryBean">
        <property name="jndiName">
            <value>java:comp/env/jdbc/mybatis</value>
        </property>
    </bean>
```

它允许你从一个远程服务中注入一些服务到本地调用。

上面讨论了注入的几种方式，在大型系统中，我们往往还会使用注解注入的方式来描述系统服务之间的关系，这也是 Spring 所推荐的方式。

8.1.2　Spring AOP 基础

Spring IOC 相对而言还是比较容易理解的，如果你懂得了第 6 章的反射技术，就知道它是用反射技术实现的，而 Spring AOP 就不是了。在 MyBatis-Spring 技术中，它最大的用处是事务的控制，这是一个最麻烦也最难理解的东西。

Spring AOP 是通过动态代理来实现的。首先在传统的 MVC 构架中，业务层一般都夹带着数据库的事务管理，例如，插入一个角色，它是使用 RoleService 接口的实现类 RoleServiceImpl 去实现的，如代码清单 8-4 所示。

代码清单 8-4：插入角色

```
@Service
public class RoleServiceImpl implements RoleService {
......

    @Autowired
private RoleDAO roleDAO = null;

@Override
@Transactional(isolation = Isolation.READ_COMMITTED, propagation =
Propagation.REQUIRED)
public int insertRole(Role role) {
    return roleDAO.insertRole(role);
}
......
}
```

当程序进入到 insertRole 方法的时候，Spring 就会读取配置的传播行为进行设置，这里的配置为 Propagation.REQUIRED，它的意思是当前方法如果有事务则加入当前事务，否则就创建新的事务。这样这个 insertRole 方法就在事务内调用了，那么它是怎么实现的呢？

在传统 Spring 的书籍中，我们一般会涉及到一些抽象的概念，如切面、连接点、通知、切入点、目标对象、AOP 代理等等极其抽象的概念。

这些内容论述的时候太过于抽象，所以我们不长篇大论地罗列一些晦涩的概念去讨论它们，而是使用原理去讨论它们，下面我们通过原理来分析它们执行的过程。

Spring AOP 实际上就是一个动态代理的典范。不熟悉动态代理的读者可以翻阅本书第 6 章的内容，请务必掌握它们，这是阅读下面分析的基础，否则你读下面的文字便会像读天书一样。

现在以角色服务类（RoleServiceImpl）为例。

首先 Spring 可以生成代理对象，这样调度 insertRole 方法的时候就进入了一个 invoke 方法里面。Spring 会判断到底要不要拦截这个方法，这是一个切入点的配置问题，它是通过正则式匹配的，比如我们在正则式配置 insert*这样的统配，那么 Spring 就会拦截这个 insertRole()方法，否则就不拦截，直接通过 invoke 方法反射调用这个方法，就结束了。这便是切入点的概念，很简单吧。

其次就是切面。切面是干什么的？它是插入角色的，里面包含事务，而事务就是整个方法的一个切面，可能你的方法会很复杂，包含业务、财务和日志等多方面，而它们都受到同一事务管辖，那么事务就是这方法的一个切面。这个时候 Spring 就会根据我们配置的信息，知道这个方法需要事务，采用传播行为 Propagation.REQUIRED 运行方法，这就是 Spring 的切面。

再次就是连接点。连接点是在程序运行中根据不同的通知来实现的程序段。由于 Spring 使用动态代理，我们在反射原始的方法之前可以做一些事情，于是有了前置通知（Before advice），也可以在反射之后做一些事情，那便是后置通知（After advice），反射原来的方法可能正确返回，也可能因此抛出异常，所以还有正常返回后通知（After return advice）和产生异常的抛出异常后通知（After throwing advice）。也有可能需要用自定义方法取代原有的方法，就如 MyBatis 的插件一样，不采用原有的 invoke 方法而是使用自定义的方法，所以还有环绕通知（Around advice），怎么样用动态代理的原理来分析是不是比单独讲概念要清晰得多呢？

代理目标，就是哪个类的对象被代理了。这里显然就是 RoleServiceImpl 对象被代理了。

AOP 代理（AOP Proxy）就是指采用何种方式进行代理，我们知道 JDK 的代理需要使用接口，而 CGLIB 则不需要，因此在默认的情况下 Spring 采用这样的规则。当 Spring 的服务包含接口描述时采用 JDK 动态代理，否则采用 CGLIB 代理。当然你可以通过配置修改它们。

基于上面的论述，我们清楚了 AOP 的大致情况，这些在理解动态代理的基础上是相对简单的。如图 8-1 所示，Spring AOP 在动态代理下运行的流程。

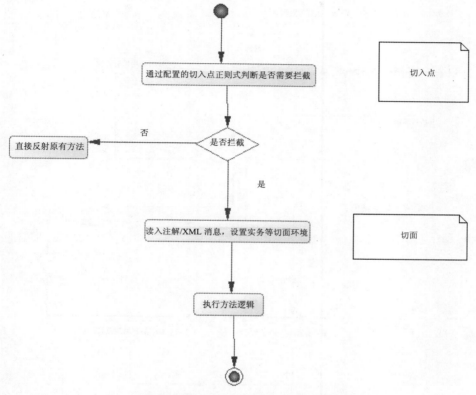

图 8-1　Spring AOP 在动态代理下运行的流程

这里执行方法的逻辑有点复杂，笔者另外给图解释它，如图 8-2 所示。这便是在 Spring AOP 动态代理下做的判断和运行的流程图，表面上看起来有点复杂，实际在理解了动态代理后结合 Java 基础，就可以十分容易地理解它们了，也可以使用代码去实现它们。

8.1.3　Spring 事务管理

Spring 事务管理是通过 Spring AOP 去实现的，在 8.1.2 节中我们讨论了 Spring AOP 的执行过程和基础概念，默认的情况下 Spring 在执行的方法抛出异常后，引发事务回滚，当然你可以用拦截器或者配置去改变它们，我们这里只讨论默认的情况，不讨论其他复杂的情况。我们首先讨论一下 Spring 的隔离级别和传播行为，这是很容易犯错的地方。

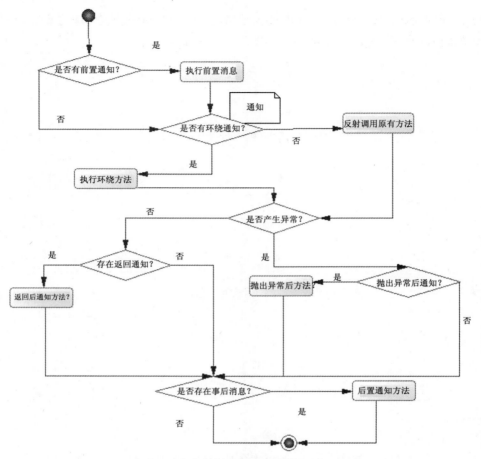

图 8-2　Spring AOP 动态代理下消息执行过程

8.1.3.1　事务隔离级别

数据库和程序一样，也有并发的问题，在同时存在两个或者两个以上的数据库事务环境中，同一条记录甚至是不同记录都会由于 SQL 在不同时刻的执行产生不同的结果，甚至产生错误。于是便有了隔离级别这样的数据库的概念，按照数据库的概念分为脏读、读写提交、可重复读、序列化 4 种。我们来讨论一下它们。

脏读是指一个事务能够读取另外一个事务未提交的数据，如表 8-1 所示。

这里我们发现事务 B 读取了事务 A 未提交的数据，而最后事务 A 将回滚，这是十分危险的。为了避免这个问题，我们往往使用读写提交的隔离级别，如表 8-2 所示。

表 8-1　脏读

时　刻	事　务 A	事　务 B	说　明
T0	X=1	—	初始数据
T1	X=2，但是未提交	—	
T2	—	读入 X=2	这个时候事务 B 读取了事务 A 未提交的数据，而后面事务 A，可能回滚，引发严重数据库数据一致性问题
T3	回滚	—	此时事务 A 回滚，导致事务 B 完全在一个错误的数据下运行
T4	—	处理业务逻辑	采用错误的 X=2 处理
T5	—	提交事务	此时完全在一个错误的数据下完成提交

表 8-2　读写提交

时　刻	事　务 A	事　务 B	说　明
T0	X=1	—	初始数据
T1	X=2，但是未提交	—	—
T2	—	读入 X=1	这个时候事务 B 不能读入事务 A 未提交的数据，所以只能读到 X=1
T3	回滚	—	—
T4	—	处理业务逻辑	采用正确的 X=1 处理逻辑
T5	—	提交事务	提交正确

这里我们用了读写提交完成了这些逻辑，但是读写提交依旧会产生一些问题，让我们看看这样的场景，如表 8-3 所示。

表 8-3　读写提交产生的问题

时　刻	事　务 A	事　务 B	说　明
T1	老公查询账户余额1000元	—	—
T2	—	老婆购物花费 800 元	—
T3	—	老婆提交事务	—
T4	老公请客吃饭，买单 500 元，被告知余额不足	—	没钱买单

这里我们看到，对于余额而言，在 T4 时刻买单失败了。因为在 T3 时刻老婆提交了消费 800 元的事务，这时老公可要出洋相了。为了避免这个问题，我们可以使用可重复读的策略，这样就消除了老公无钱买单的尴尬场景。

但是可重复读是针对于同一条记录而言的，对于不同的记录会发生下面这样的场景，如表 8-4 所示。

表 8-4 不同的记录会发生的场景

时 刻	事 务 A	事 务 B	说 明
T1	老婆查询当月银行账户支出各条数据，10 条共计 1000 元	—	初始状态
T2	—	老公消费 800 元	老公此时消费
T3	—	老公提交消费事务	事务被提交
T4	老婆打印账单 11 条，共计 1800 元	—	前后差异，老婆会以为 800 元是幻读

我们看到老婆在查询之后，老公启动了消费，并先于老婆之前打印账单记录，所以在 T4 时刻，打印了 1800 元 11 条记录，这个时候老婆就会去质疑这 800 元是不是幻读的。上面和不可重复读很接近，但是我们需要注意的是，不可重复读是针对同一条记录，而幻读是针对删除和插入记录的。

为了避免服这个问题我们可以采用序列化的隔离层。序列化就意味着所有的操作都会按顺序执行，不会出现脏读、不可重读和幻读的情况，如表 8-5 所示。

表 8-5 序列化的隔离层

项 目	脏 读	不可重读	幻 读
脏读	√	√	√
读写提交	×	√	√
可重复读	×	×	√
序列化	×	×	×

这就是数据库隔离层的情况，上面我们只讨论了在多并发环境下数据安全性的问题，而没有讨论它们之间的性能。一般而言，性能从脏读→读写提交→可重复读→序列化是直线下降的，更多的时候我们使用读写提交便可以了，也不是所有的数据库支持所有的隔离

级别，比如 Oracle 数据库只支持读写提交和序列化，它的默认隔离级别为读写提交，而
MySQL 数据库的默认隔离级别为可重复读。

8.1.3.2　传播行为

传播行为，是指方法之间的调用问题。在大部分的情况下，我们认为事务都应该是一
次性全部成功或者全部失败的。例如，业务做成功了，但是财务没有合乎规范，被财务部
否决了，这个时候就需要回滚所有的事务。但是也会有特殊的场景，比如信用卡还款，在
还款过程中，我们有一个总的程序代码，循环调用一个 repayCreditCard 的还款方法，进行
还款处理，但是我们发现其中的一张卡发生了异常，这时我们不能把所有执行过的信用卡
数据回滚，而只能回滚出现异常的这张卡。如果将所有执行过还款操作的信用卡回滚，
那么就意味着之前按时还款的用户也被认为是不按时还款的，这显然不合理。换句话说，
我们在做每一张卡操作的时候都希望有一个独立的事务管控它，使得每一张卡的还款互不
干扰。

在 Spring 中定义了 7 种传播行为，如表 8-6 所示。

表 8-6　7 种传播行为

传播行为	含　义	备　注
PROPAGATION_REQUIRED	如果存在一个事务，则支持当前事务。如果没有事务则开启	这是 Spring 默认的传播行为
PROPAGATION_SUPPORTS	如果存在一个事务，则支持当前事务。如果没有事务，则非事务的执行	—
PROPAGATION_MANDATORY	如果已经存在一个事务，则支持当前事务。如果没有一个活动的事务，则抛出异常	—
PROPAGATION_REQUIRES_NEW	总是开启一个新的事务。如果一个事务已经存在，则将这个存在的事务挂起	在信用卡场景中，我们往往需要这个传播行为为每一个卡创建独立的事务
PROPAGATION_NOT_SUPPORTED	总是非事务地执行，并挂起任何存在的事务	—
PROPAGATION_NEVER	总是非事务地执行，如果存在一个活动事务，则抛出异常	—
PROPAGATION_NESTED	如果一个活动的事务存在，则运行在一个嵌套的事务中；如果没有活动事务，则按照 TransactionDefinition.PROPAGATION_REQUIRED 属性执行	—

　　我们应该注意自调用的问题，什么是自调用呢？比如说我们的角色服务类有两个方法，分别是 insertRoleList 方法和 insertRole 方法，而 insertRole 方法注解为 PROPAGATION_REQUIRES_NEW，如代码清单 8-5 所示。

代码清单 8-5：无效的传播行为

```
@Service
public class RoleServiceImpl {
    @Transactional(isolation = Isolation.READ_COMMITTED, propagation =
Propagation.REQUIRED)
public int insertRoleList(List<Role> roleList) {
    for (Role role : roleList) {
        this.insertRole(role);//insertRole 的注解失效
    }
}
......
@Transactional(isolation = Isolation.READ_COMMITTED, propagation =
Propagation.REQUIRES_NEW)
public int insertRole(Role role) {
    try {
        return roleDAO.insertRole(role)
    } catch(Exception ex) {
        ex.printStackTrace();
    }
    return 0;
}
}
```

　　所谓自调用就是自己的类方法调用其他方法的过程。如 insertRoleList 调用了 insertRole 方法，而这里注解 insertRole 为 REQUIRES_NEW，每次调用方法的时候，会生成独立事务。但是请读者务必注意，这实际上是不生效的，为什么呢？

　　我们回顾一下之前讲解的 Spring AOP 的动态代理运行的过程，Spring 的数据库事务是在动态代理进入到一个 invoke 方法里面的，然后判断是否需要拦截方法，需要的时候才根据注解和配置生成数据库事务切面上下文，而这里的自调用是没有代理对象的，是原始对象的调用，所以根本就没有 invoke 方法去解析注解和配置生成数据库切面的上下文，独立事务也无从谈起，Spring 只会延续使用 insertRoleList 的上下文信息，所以这个注解是无效的。你需要这样的功能，你只能独立写一个类，再去调用 insertRole 方法，因为在另外一个类里面，你得到的是 RoleServiceImpl 的代理类，进入它的 invoke 方法的时候它会去解析注解，知道你需要一个独立事务。在使用的时候请读者务必小心这个问题，避免落入陷阱。

8.1.4 Spring MVC 基础

Spring MVC 是当前最为流行的互联网 MVC 框架，Spring MVC 对框架进行了比较简易的封装，各个层级都是比较清晰的。它的核心是 DispatcherServlet，Servlet 将根据拦截的配置去拦截一些请求，它的作用是做一个转发在它接收了转发后就需要跳转到其他的地方。例如，在 web.xml 中这样配置 Spring MVC，如代码清单 8-6 所示。

代码清单 8-6：web.xml 中配置 Spring MVC

```
<servlet>
        <servlet-name>dispatcher</servlet-name>

<servlet-class>org.springframework.web.servlet.DispatcherServlet</servlet-class>
        <load-on-startup>2</load-on-startup>
    </servlet>
    <servlet-mapping>
        <servlet-name>dispatcher</servlet-name>
        <url-pattern>*.do</url-pattern>
    </servlet-mapping>
```

这样凡是以.do 结尾的请求都会被 DispatcherServlet 所拦截，它拦截后一般需要进一步跳转，一般描述跳转的有 XML 描述或者注解描述，现在更多得使用注解方式，所以让我们这里主要用注解的方式。一旦在 Spring MVC 项目中为一个类注解了@Controller，那么它就可以是一个跳转的地方，它在 MVC 框架中起到一个控制器的作用，如代码清单 8-7 所示。

代码清单 8-7：Spring MVC Controller 的伪代码

```
@Controller//标识为控制器.
public class RoleController {
    @RequestMapping("/role/getRole")//DispatcherServlet 匹配路径时，进入方法
    @ResponseBody   //标注把结果转化为 JSON
public RoleBean getRole(@RequestParam("id") int id) //标注参数对应关系
    RoleBean role = this.roleService.getRole(id);
```

```
    long end = System.currentTimeMillis();
    return role;
  }
 }
```

一旦类给了@Controller 标注，那么 Spring MVC 就认为它是一个控制层，而会根据 @RequestMapping 所配置的路径跳转到对应的控制器和方法中去。参数的名称和参数的映射关系靠@RequestParam 注解对应，也比较简单。

这个方法只是返回了一个角色对象，它并不会自己变为 JSON，因此我们需要处理视图解析器，那么我们需要配置视图解析器以拦截请求的结果，如代码清单 8-8 所示。

代码清单 8-8：配置视图解析器

```
<bean class="org.springframework.web.servlet.mvc.annotation.
AnnotationMethodHandlerAdapter">
    <property name="messageConverters">
        <list >
            <ref bean="mappingJacksonHttpMessageConverter" />
        </list>
    </property>
</bean>

<bean id="mappingJacksonHttpMessageConverter" class="org.springframework.
http.converter.json.MappingJacksonHttpMessageConverter">
    <property name="supportedMediaTypes">
        <list>
            <value>application/json;charset=UTF-8</value>
        </list>
    </property>
</bean>
```

我们加入@ResponeBody 标注视图解析器 MappingJacksonHttpMessageConverter 就会拦截这个请求，然后把结果转化为 JSON 数据，返回给视图层。

Spring MVC 的跳转流程，如图 8-3 所示。

我们真正的开发主要集中在控制器上。Spring MVC 还有许多内容，但是本书是以 MyBatis 为主，就不介绍太多了。

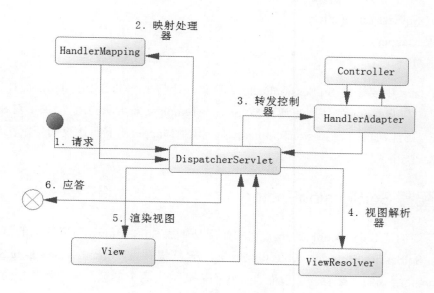

图 8-3　Spring MVC 构架图

8.2　MyBatis-Spring 应用

8.2.1　概述

在 Spring 发布 3.0 版本的时候是支持 iBatis2 项目的，MyBatis 项目组也想将 MyBatis3 版本的支持添加到 Spring3.0 中，而不幸的事情发生了，在 MyBatis3 未完成的时候，Spring3.0 就已经开发完成并发布了。Spring 团队可不想发布一个基于非发布版的 MyBatis 的整合支持，那么 Spring 官方的支持就不得不继续等待了。在这个时候 MyBatis 社区自己编写出了 MyBatis-Spring 项目，使得 MyBatis3 能在 Spring 中使用。

在 Spring 中，配置的方法较多，可以通过 XML 进行配置，也可以通过注解配置，但是通过注解配置已经成为了主流，所以本书主要讲解通过注解配置 MyBatis-Spring。

配置 MyBatis-Spring 分为下面几个部分。

- 配置数据源。
- 配置 SqlSessionFactory。

- 配置 SqlSessionTemplate。
- 配置 Mapper。
- 事务处理。

在 MyBatis 中要构建 SqlSessionFactory 对象，让它来产生 SqlSession，而在 MyBatis-Spring 项目中 SqlSession 的使用是通过 SqlSessionTemplate 来实现的，它提供了对 SqlSession 操作的封装。所以通过 SqlSessionTemplate 可以得到 Mapper。下面让我们开始在 Spring 环境下配置 MyBatis 项目。

8.2.2 配置 SqlSessionFactory

我们需要构建 SqlSessionFactory，它的作用是生成 SqlSession，所以这节的目的很明确就是构建 SqlSessionFactory。MyBatis-Spring 项目提供了 org.mybatis.spring.SqlSessionFactoryBean 类给我们去配置。一般而言，我们需要给出两个参数，一个是数据源，另一个是 MyBatis 的配置文件路径，这样 Spring IOC 容器就会初始化这个 SqlSessionFactory Bean，解析 MyBatis 配置文件并连同数据源一同保存在 Spring Bean 里面。让我们看看配置的方法，如代码清单 8-9 所示。

代码清单 8-9：配置 SqlSessionFactory

```
<bean id="dataSource" class="org.springframework.jdbc.datasource.
DriverManagerDataSource">
      <property name="driverClassName">
         <value>com.mysql.jdbc.Driver</value>
      </property>
      <property name="url">

<value>jdbc:mysql://localhost:3306/oa?zeroDateTimeBehavior=convertToNull
</value>
      </property>
      <property name="username">
         <value>root</value>
      </property>
      <property name="password">
         <value>learn</value>
      </property>
   </bean>
   <bean id="sqlSessionFactory" class="org.mybatis.spring.
```

```
SqlSessionFactoryBean">
        <property name="dataSource" ref="dataSource" />
        <property name="configLocation"value="classpath:sqlMapConfig.xml"/>
</bean>
```

首先，配置一个数据源，它只要实现 javax.sql.DataSource 接口便可以了，所以它可以是任意第三方的数据源，也可以是通过 JNDI 从容器中获得的数据源。然后，构建 SqlSessionFactoryBean 对象。我们注入一个数据源和配置文件，classpath 的写法说明它在.class 目录文件里面。这样 Spring 在初始化 IOC 容器的时候去初始化 SqlSessionFactoryBean，它通过解析配置文件得到 MyBatis 运行所需的上下文。

由于这里 Spring 已经帮助我们初始化了数据源，MyBatis 的配置文件就无需再配置关于数据库 environments 的节点信息了。所以配置文件就可以配置成类似代码清单 8-10 这样的了。

代码清单 8-10：sqlMapConfig.xml

```
<?xml version="1.0" encoding="UTF-8"?>
<!DOCTYPE configuration PUBLIC "-//mybatis.org//DTD Config 3.0//EN"
"http://mybatis.org/dtd/mybatis-3-config.dtd">
<configuration>
    <settings>
        <!-- 这个配置使全局的映射器启用或禁用缓存 -->
        <setting name="cacheEnabled" value="true" />
        <!-- 允许 JDBC 支持生成的键。需要适合的驱动。如果设置为 true，则这个设置强制
生成的键被使用，尽管一些驱动拒绝兼容但仍然有效（比如 Derby） -->
        <setting name="useGeneratedKeys" value="true" />
        <!-- 配置默认的执行器。SIMPLE 执行器没有什么特别之处。REUSE 执行器重用预处理
语句。BATCH 执行器重用语句和批量更新 -->
        <setting name="defaultExecutorType" value="REUSE" />
        <!-- 全局启用或禁用延迟加载。当禁用时，所有关联对象都会即时加载 -->
        <setting name="lazyLoadingEnabled" value="true"/>
        <!-- 设置超时时间，它决定驱动等待一个数据库响应的时间 -->
        <setting name="defaultStatementTimeout" value="25000"/>
    </settings>
    <!-- 别名配置 -->
    <typeAliases>
        <typeAlias alias="role" type="com.mkyong.common.po.Role" />
    </typeAliases>
```

```
    <!-- 指定映射器路径 -->
    <mappers>
        <mapper resource="com\mkyong\common\po\role.xml" />
    </mappers>
</configuration>
```

当然我们也可以根据需要去修改配置文件。这样就成功地配置了 SqlSessionFactory，接着我们需要创建 SqlSessionTemplate。

严格地说，SqlSessionFactoryBean 已经可以通过 Spring IOC 配置了，我们完全可以通过 Spring IOC 来代替原来的配置，它为我们提供了以下属性。

```
private Resource configLocation;
private Resource[] mapperLocations;
private DataSource dataSource;
private TransactionFactory transactionFactory;
private Properties configurationProperties;
private SqlSessionFactoryBuilder sqlSessionFactoryBuilder = new
SqlSessionFactoryBuilder();
private SqlSessionFactory sqlSessionFactory;
private String environment = SqlSessionFactoryBean.class.getSimpleName();
private boolean failFast;
private Interceptor[] plugins;
private TypeHandler<?>[] typeHandlers;
private String typeHandlersPackage;
private Class<?>[] typeAliases;
private String typeAliasesPackage;
private Class<?> typeAliasesSuperType;
private DatabaseIdProvider databaseIdProvider;
private ObjectFactory objectFactory;
private ObjectWrapperFactory objectWrapperFactory;
```

在大部分情况下，我们无需全部配置，只需要配置其中几项便可以了。如果遇到复杂的配置，笔者建议大家使用 MyBatis 配置文件，因为它更便于管理，且可读性高。

8.2.3 配置 SqlSessionTemplate

SqlSessionTemplate（org.mybatis.spring.SqlSessionTemplate）是一个模板类，通过调用

SqlSession 来完成工作，所以在 MyBatis-Spring 项目中它是一个核心类。但是在 Spring 中构建它是件相当容易的事情，它有两种构建方法，一种是只有一个 SqlSessionFactory 作为参数的；另外一种是有两个参数的，一个是 SqlSessionFactory，另一个是执行器类型，它是一个枚举类（org.apache.ibatis.session.ExecutorType）。弄清楚了这些，让我们看看在 Spring 中是如何构建它们的。

构建方法一，使用 SqlSessionFactory 参数构建，如代码清单 8-11 所示。

代码清单 8-11：使用 SqlSessionFactory 参数构建

```
<bean id ="sqlSessionTemplate" class ="org.mybatis.spring.SqlSessionTemplate" >
    <constructor-arg index="0" ref="sqlSessionFactory" />
</bean>
```

构建方法二，使用两个参数构建，如代码清单 8-12 所示。

代码清单 8-12：使用两个参数（SqlSessionFactory、ExecutorType）构建

```
<bean id ="sqlSessionTemplate" class ="org.mybatis.spring.SqlSessionTemplate"
scope="prototype">
    <constructor-arg index="0" ref="sqlSessionFactory" />
    <constructor-arg name="1" value="BATCH"/>
</bean>
```

这里 ExecutorType 的取值范围是：SIMPLE、REUSE、BATCH，对应的是我们在第 6 章讨论过的三种执行器的类型。当然大部分情况下我们都不这么配置，而是在配置文件中配置执行器的类型便可。

通过这些配置就意味着 Spring 会把我们之前配置的 SqlSessionFactory 设置到 SqlSessionTemplate 中。如果我们同时设置了 SqlSessionFactory 和 SqlSessionTemplate，那么系统就只会用使用 SqlSessionTemplate 去覆盖掉 SqlSessionFactory。

在 iBatis 时代 SqlSessionTemplate 可以执行许多功能，同样的在 MyBatis 中也是可以的。但是在目前 MyBatis 的编程中用得不多，因为我们完全可以直接通过映射器擦除它，这样更易于理解。但是在定制化编程中 SqlSessionTemplate 是一个很有用的类，尤其是在特殊的场景（比如你需要 Spring 的编程事务的时候），或在大型 Web 应用中，它往往应用于 DAO 层，所以我们将它注入到某个 DAO 中，自己编写一个公共的 DAO 基类也是可以的，然后 Spring 中通过依赖注入相关的资源来初始化。现在，我们写一个基类，如代码清单 8-13 所示。

代码清单 8-13：使用 SqlSessionTemplate

```java
public class BaseDAOImpl {
    private SqlSessionTemplate sqlSessionTempldate = null;
    public SqlSessionTemplate getSqlSessionTempldate() {
        return sqlSessionTempldate;
    }
    public void setSqlSessionTempldate(SqlSessionTemplate sqlSessionTempldate) {
        this.sqlSessionTempldate = sqlSessionTempldate;
    }
}
```

如果要做一些增删查改用户信息的工作，那么我们就需要一个用户 DAO 的接口，如
代码清单 8-14 所示。

代码清单 8-14：UserDAO.java

```java
public interface UserDAO {

    public User getUser(Long id);

    public List<User> findUser(String username);

    public int updateUser(User user);

    public int insertUser(User user);

    public int deleteUser(Long id);
}
```

然后，我们给出实现类，如代码清单 8-15 所示。

代码清单 8-15：UserDAOImpl.java

```java
public class UserDAOImpl extends BaseDAOImpl implements UserDAO {
    @Override
    public User getUser(Long id) {
        User user = (User)this.getSqlSessionTempldate().selectOne("com.
learn.dao.UserDAO.getUser", id);
        return user;
    }

    @Override
```

```
    public List findUser(String username) {
        return this.getSqlSessionTempldate() .selectList("com.learn.dao.
UserDAO.findUser", username);
    }

    @Override
    public int updateUser(User user) {
        return
this.getSqlSessionTempldate().update("com.learn.dao.UserDAO.updateUser",
user);
    }

    @Override
    public int insertUser(User user) {
        return
this.getSqlSessionTempldate().insert("com.learn.dao.UserDAO.insertUser",
user);
    }

    @Override
    public int deleteUser(Long id) {
        return
this.getSqlSessionTempldate().delete("com.learn.dao.UserDAO.deleteUser",
id);
    }
}
```

方法较为简单，但是要用到它，我们还要先在 Spring 中配置它，如代码清单 8-16 所示。

代码清单 8-16：配置 SqlSessionTemplate 到 DAO 层

```
<bean id="userDao" class="com.learn.dao.impl.UserDAOImpl">
    <property name="sqlSessionTempldate" ref ="sqlSessionTemplate"/>
</bean>
```

这样就在 Spring 中注入了 SqlSessionTemplate 到 DAO 层。我们就可以使用它做我们想要做的事情，它的作用就等同于 SqlSession 对象。让我们可以做想要做的事情。

这和 iBatis 时代的编程方式是一样的，我们不建议使用这样的编程方式，原因有两个。

- SqlSessionTemplate 是 MyBatis 的类，我们要使用一个 id，去标出我们将会调用的那条 SQL，这对于编程来说是困难的，有侵入框架之嫌，可读性较低。

- 我们在编写代码时不能保证 id 的正确性。因为 IDE 无法识别 id 是否正确，需要运行的时候才能知道。

因此笔者建议大家采用 Mapper 接口的编程方式。

8.2.4 配置 Mapper

在代码中，大部分场景都不建议使用 SqlSessionTemplate 或者 SqlSession 的方式，这里我们采用 Mapper 接口编程的方式，让 SqlSessionTemplate 在开发过程中"消失"，这样更符合面向对象的编程，也更利于我们理解。

8.2.4.1 MapperFactoryBean

在 MyBatis 中，Mapper 只需要是一个接口，而不是一个实现类，它是由 MyBatis 体系通过动态代理的形式生成代理对象去运行的，所以 Spring 也没有办法为其生成实现类。为了处理这个问题，MyBatis-Spring 团队提供了一个 MapperFactoryBean 类作为中介，我们可以通过配置它来实现我们想要的 Mapper。配置 MapperFactoryBean 有 3 个参数，mapperInterface、SqlSessionFactory 和 SqlSessionTemplate。

- mapperInterface，用来制定接口，当我们的接口继承了配置的接口，那么 MyBatis 就认为它是一个 Mapper。
- SqlSessionFactory，当 SqlSessiomTemplate 属性不被配置的时候，MyBatis-Spring 才会去设置它。
- SqlSessionTemplate，当它被设置的时候，SqlSessionFactroy 将被作废，如代码清单 8-17 所示。

代码清单 8-17：将 SqlSessionTemplate 注入 DAO

```
<bean id="userDao" class="org.mybatis.spring.mapper.MapperFactoryBean">
    <!--UserDAO 接口将被扫描为 Mapper-->
    <property name="mapperInterface" value="com.learn.dao.UserDAO"/>
    <property name="sqlSessionTemplate" ref="sqlSessionTemplate"/>
    <!--如果同时注入 SqlSessionTemplate 和 SqlSessionFactory，则只会启用
sqlSessionTemplate-->
    <!--
    <property name="sqlSessionFactory" ref="sqlSessionFactory"/>
    -->
</bean>
```

这样我们就可以使用这个接口进行编程了，它的效果等同于 sqlSession.getMapper (UserDAO.class)。不过在 Spring 中，它更为优雅。

8.2.4.2　MapperScannerConfigurer

一个复杂的系统存在许许多多的 DAO，比如我们往往不单单有 UserDAO，还有角色的 RoleDAO、产品的 ProducDAO，如果需要一个个配置，那么工作量会很大，不过 MyBatis-Spring 团队已经处理了这种场景，它采用自动扫描的形式来配置我们的映射器，这样我们就可以在很少的代码情况下完成对映射器的配置，大大提高了效率。

在 MyBatis-Spring 项目中，我们采用的是 MapperScannerConfigurer。我们可以配置这么几个属性。

- basePackage，指定让 Spring 自动扫描什么包，它会逐层深入扫描。
- annotationClass，表示如果类被这个注解标识的时候，才进行扫描。
- sqlSessionFactoryBeanName，指定在 Spring 中定义 sqlSessionFactory 的 bean 名称。如果它被定义，sqlSessionFactory 将不起作用。
- sqlSessionTemplateBeanName，指定在 Spring 中定义 sqlSessionTemplate 的 bean 的名称。如果它被定义，sqlSessionFactoryBeanName 将不起作用。
- markerInterface，指定是实现了什么接口就认为它是 Mapper。我们需要提供一个公共的接口去标记。在 Spring 配置前需要给 DAO 一个注解，在 Spring 中往往是使用注解@Repository 表示 DAO 层的，让我们对 UserDAO 进行改造，如代码清单 8-18 所示。

代码清单 8-18：使用自动扫描识别 DAO，配置 UserDAO

```
//使用注解标记 DAO 层
@Repository
public interface UserDAO {
......
}
```

现在我们在 Spring 中配置它，如代码清单 8-19 所示。

代码清单 8-19：配置自动扫描信息

```
<!-- 采用自动扫描方式创建 mapper bean-->
<bean class="org.mybatis.spring.mapper.MapperScannerConfigurer">
    <property name="basePackage" value="com.learn.dao" />
```

```
    <property name="sqlSessionTemplateBeanName" value="sqlSessionTemplate"
/>
    <property name="annotationClass" value="org.springframework.stereotype.
Repository" />
</bean>
```

这样 Spring 上下文就会自动扫描 com.learn.dao 从而找到标注了 Repository 的接口，自动生成 Mapper，而无需多余的配置，大大方便了我们的运用。

8.2.5　配置事务

MyBatis 和 Spring 结合后是使用 Spring AOP 去管理事务的，使用 Spring AOP 是相当简单的，它分为声明式事务和编程式事务两种。大部分场景下使用声明式事务便可以了。使用声明式事务更方便，所以目前是主流方向，本书也保持一致，如代码清单 8-20 所示。

代码清单 8-20：配置 Spring 声明式事务

```
<!-- 事务管理器 -->
<bean id="txManager"

class="org.springframework.jdbc.datasource.DataSourceTransactionManager">
  <property name="dataSource" ref="dataSource" />
</bean>
<!-- 使用声明式事务管理方式 -->
<tx:annotation-driven transaction-manager="txManager" />
```

这个时候我们往往需要业务层，业务层既是处理业务的地方，又是管理数据库事务的地方，我们可以使用 Spring 的注解 Service 来表示哪个类为业务层的类。同样，我们也可以通过自动扫描的方法读取 Service 对象到 Spring 上下文中，配置如代码清单 8-21 所示。

代码清单 8-21：Spring 配置业务层

```
<context:component-scan base-package="com" use-default-filters="false">
  <context:include-filter type="annotation"
      expression="org.springframework.stereotype.Service"/>
</context:component-scan>
```

这样 Spring 就会自动扫描这些 Service 对象的 bean 读取到上下文中。MyBatis 的事务就交由 Spring 去控制了。我们只需要在 Spring 中通过注解注入即可，如代码清单 8-22 所示。

```
@Service("userService")
public class UserServiceImpl implements UserService {
......
@Autowired
private UserDAO userDAO;//注解注入 userDAO
......


}
```

8.3　实例

由于 MyBatis-Spring 的广泛应用，所以本书给出实例，希望给大家一个参考。这里我们采用目前使用最为广泛的 Spring MVC 框架，使用 Eclipse+Tomcat8+MySQL 作为开发环境。

8.3.1　环境准备

首先，启动 MySQL 数据库，新建数据库表，如代码清单 8-23 所示。

代码清单 8-23：新建数据库表

```
CREATE TABLE t_role (
  id int(11) NOT NULL AUTO_INCREMENT,
  role_name varchar(60) NOT NULL,
  create_date datetime NOT NULL DEFAULT CURRENT_TIMESTAMP,
  note varchar(512) DEFAULT NULL,
  PRIMARY KEY (id)
) ;

CREATE TABLE t_user (
  id int(11) NOT NULL AUTO_INCREMENT,
  user_name varchar(60) NOT NULL,
  birthday date NOT NULL,
  sex varchar(2) NOT NULL,
  mobile varchar(20) NOT NULL,
  email varchar(60) DEFAULT NULL,
  note varchar(512) DEFAULT NULL,
  PRIMARY KEY (id)
```

```
)  ;
```

然后，我们配置 Tomcat 的数据源，在 Eclipse 里面配置好了 Tomcat 后，我们可以看到 Eclipse 的 Servers 文件目录下的配置文件，如图 8-4 所示。

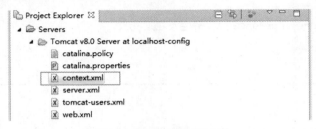

图 8-4　Servers 的配置文件

其中，context.xml 的作用主要是配置 JNDI 数据源。现在我们配置一下数据源，如代码清单 8-24 所示。

代码清单 8-24：配置 JNDI 数据源

```xml
<?xml version="1.0" encoding="UTF-8"?>
<Context>
    <!-- name 为 JNDI 名称
        type 数据源类型
    url 是数据库的 jdbc 链接
    username 用户名
        Password 数据库密码
    maxActive 数据库连接池最大链接数
        maxIdel 最大的空闲连接数
        maxWait 最大等待毫秒数。  -->
    <Resource name="jdbc/chapter8"
    auth="Container"
    type="javax.sql.DataSource"
    driverClassName="com.mysql.jdbc.Driver"
    url="jdbc:mysql://localhost:3306/chapter8?zeroDateTimeBehavior=convertToNull"
        username="root"
        password="123456"
        maxActive="50"
        maxIdle="30"
        maxWait="10000" />
</Context>
```

这样我们便注册了一个数据库的 JNDI 到 Tomcat 中。在 Tomcat 启动的时候会去连接这个数据源，建立对应的数据库连接池，只是在启动前我们要保证将数据库连接的 jar 包放入到 Tomcat 的 lib 目录下，它放在 Tomcat 对应服务器文件夹的对应路径——{tomcat_home}/lib下。如果在 Eclipse 下修改它，你无需自己复制，因为 Eclipse 会自动放在部署的对应目录下。

8.3.2　文件目录

本次所有 Spring MVC 文件的目录，如图 8-5 所示。

图 8-5　Spring MVC 文件的目录

文件比较多，我们用一个表格来详细介绍它们，如表 8-7 所示。

表 8-7　Spring Web 文件

文件/包名	功　　能	备　　注
com.learn.chapter8.controller	Spring MVC 的控制器包	—
com.learn.chapter8.dao	MyBatis 的映射器包，里面还包括映射 XML	在 MVC 框架中常常用于 DAO 层
com.learn.chapter8.pojo	模型层的 POJO 包	—

文件/包名	功　　能	备　　注
com.learn.chapter8.service	定义 Service 层的接口	—
com.learn.chapter8.service.impl	Service 层接口的实现类	它将实现业务
log4j.properties	配置 log4j 的文件	可以从第 2 章看到它
sqlMapConfig.xml	MyBatis 的配置文件	—
applicationContext.xml	Spring 的主配置文件	—
dispatcher-servlet.xml	Spring MVC 的配置文件	—
web.xml	Web 工程的配置文件	—

8.3.3　Spring 配置文件

我们先看看 applicationContext.xml 文件，如代码清单 8-25 所示。

代码清单 8-25：applicationContext.xml 文件

```
<?xml version='1.0' encoding='UTF-8' ?>
<!-- was: <?xml version="1.0" encoding="UTF-8"?> -->
<beans xmlns="http://www.springframework.org/schema/beans"
xmlns:xsi="http://www.w3.org/2001/XMLSchema-instance"
xmlns:p="http://www.springframework.org/schema/p"
xmlns:aop="http://www.springframework.org/schema/aop"
xmlns:tx="http://www.springframework.org/schema/tx"
xmlns:context = "http://www.springframework.org/schema/context"
xsi:schemaLocation="http://www.springframework.org/schema/beans
http://www.springframework.org/schema/beans/spring-beans-4.0.xsd
      http://www.springframework.org/schema/aop
http://www.springframework.org/schema/aop/spring-aop-4.0.xsd
      http://www.springframework.org/schema/tx
http://www.springframework.org/schema/tx/spring-tx-4.0.xsd
      http://www.springframework.org/schema/context
http://www.springframework.org/schema/context/spring-context-4.0.xsd"
>
<!-- 支持注解 -->
<context:annotation-config/>
<!--自动扫描的包-->
<context:component-scan base-package="com" use-default-filters="false">
<!--通过注解去过滤被扫描的类-->
<context:include-filter type="annotation" expression="org.springframework.
stereotype.Repository"/>
```

```
<context:include-filter type="annotation" expression="org.springframework.
stereotype.Service"/>
</context:component-scan>
<!-- 数据源，注入我们所需的数据源 -->
<bean id="dataSource" class="org.springframework.jndi.JndiObjectFactoryBean">
<property name="jndiName">
<value>java:comp/env/jdbc/chapter8</value>
</property>
</bean>
<!--MyBatis 的 SqlSessionFactory -->
<bean  id="sqlSessionFactory"  class="org.mybatis.spring.SqlSessionFactoryBean"
scope="prototype">
<property name="dataSource" ref="dataSource" />
<property  name="configLocation"  value="classpath:sqlMapConfig.xml"/>
</bean>
<!--sqlSessionTemplate -->
<bean id ="sqlSessionTemplate" class ="org.mybatis.spring.SqlSessionTemplate"
scope="prototype">
<constructor-arg index="0" ref="sqlSessionFactory" />
</bean>
<!-- 事务管理 -->
<bean id="transactionManager"
class="org.springframework.jdbc.datasource.DataSourceTransactionManager"
>
<property name="dataSource" ref="dataSource"/>
</bean>
<!--使用注解管理事务 -->
<tx:annotation-driven  transaction-manager="transactionManager"  proxy-
target-class="true"/>
<!-- 采用自动扫描方式创建 mapper bean -->
<bean class="org.mybatis.spring.mapper.MapperScannerConfigurer">
<property name="basePackage" value="com" />
<property name="sqlSessionTemplateBeanName" value="sqlSessionTemplate" />
<property  name="annotationClass"  value="org.springframework.stereotype.
Repository" />
</bean>
</beans>
```

上面注释的描述比较详细，笔者就不再一一介绍了。

我们再来看看 Spring MVC 的配置文件，如代码清单 8-26 所示它的配置主要服务于

Spring MVC 流程。

代码清单 8-26：Spring MVC 的配置文件

```xml
<?xml version='1.0' encoding='UTF-8' ?>
<beans xmlns="http://www.springframework.org/schema/beans"
xmlns:xsi="http://www.w3.org/2001/XMLSchema-instance"
xmlns:p="http://www.springframework.org/schema/p"
xmlns:aop="http://www.springframework.org/schema/aop"
xmlns:mvc="http://www.springframework.org/schema/mvc"
xmlns:tx="http://www.springframework.org/schema/tx"
xmlns:context="http://www.springframework.org/schema/context"
xsi:schemaLocation="http://www.springframework.org/schema/beans
http://www.springframework.org/schema/beans/spring-beans-4.0.xsd
      http://www.springframework.org/schema/aop
http://www.springframework.org/schema/aop/spring-aop-4.0.xsd
      http://www.springframework.org/schema/mvc
http://www.springframework.org/schema/mvc/spring-mvc-4.0.xsd
      http://www.springframework.org/schema/context
http://www.springframework.org/schema/context/spring-context-4.0.xsd
      http://www.springframework.org/schema/tx
http://www.springframework.org/schema/tx/spring-tx-4.0.xsd">
<!--自动扫描包-->
<context:component-scan base-package="com.*" />
<context:annotation-config />
<!--Spring 视图拦截器-->
<bean
class="org.springframework.web.servlet.mvc.annotation.AnnotationMethodHa
ndlerAdapter">
<property name="messageConverters">
<list>
<!--JSON 视图拦截器，读取到@ResponseBody 的时候去触发它-->
<ref bean="mappingJacksonHttpMessageConverter" />
</list>
</property>
</bean>

<!--json 转化器，它可以将结果转化-->
<bean id="mappingJacksonHttpMessageConverter" class="org.springframework.
http.converter.json.MappingJacksonHttpMessageConverter">
<property name="supportedMediaTypes">
```

```
<list>
<value>application/json;charset=UTF-8</value>
</list>
</property>
</bean>
</beans>
```

同样在 XML 注解中也有比较详细地描述，我们定义了 Spring MVC 的视图拦截器，然后利用 JSON 转换器将其转换。最后我们看看 web.xml 文件，如代码清单 8-27 所示。

代码清单 8-27：web.xml 文件

```
<?xml version="1.0" encoding="UTF-8"?>
<web-app version="3.1" xmlns="http://xmlns.jcp.org/xml/ns/javaee" xmlns:
xsi="http://www.w3.org/2001/XMLSchema-instance"
xsi:schemaLocation="http://xmlns.jcp.org/xml/ns/javaee
http://xmlns.jcp.org/xml/ns/javaee/web-app_3_1.xsd">
<context-param>
<param-name>contextConfigLocation</param-name>
<param-value>/WEB-INF/applicationContext.xml</param-value>
</context-param>
<listener>
<listener-class>org.springframework.web.context.ContextLoaderListener</l
istener-class>
</listener>
<servlet>
<servlet-name>dispatcher</servlet-name>
<servlet-class>org.springframework.web.servlet.DispatcherServlet</servle
t-class>
<load-on-startup>2</load-on-startup>
</servlet>
<servlet-mapping>
<servlet-name>dispatcher</servlet-name>
<url-pattern>*.do</url-pattern>
</servlet-mapping>

<session-config>
<session-timeout>
        30
</session-timeout>
</session-config>
```

```
<welcome-file-list>
<welcome-file>index.jsp</welcome-file>
</welcome-file-list>
</web-app>
```

这里主要配置了 Spring 的 DispatcherServlet，让它拦截所有以.do 结尾的请求。

8.3.4　MyBatis 框架相关配置

我们配置一下 MyBatis 的文件。首先是 sqlMapConfig.xml 基础配置文件，如代码清单 8-28 所示。

代码清单 8-28：sqlMapConfig.xml

```xml
<?xml version="1.0" encoding="UTF-8"?>
<!DOCTYPE configuration PUBLIC "-//mybatis.org//DTD Config 3.0//EN"
"http://mybatis.org/dtd/mybatis-3-config.dtd">
<configuration>
<settings>
<!-- 这个配置使全局的映射器启用或禁用缓存 -->
<setting name="cacheEnabled" value="true" />
<!-- 允许 JDBC 支持生成的键。需要适合的驱动。如果设置为 true，则这个设置强制生成的键
被使用，尽管一些驱动拒绝兼容但仍然有效（比如 Derby） -->
<setting name="useGeneratedKeys" value="true" />
<!-- 配置默认的执行器。SIMPLE 执行器没有什么特别之处。REUSE 执行器重用预处理语句。
BATCH 执行器重用语句和批量更新 -->
<setting name="defaultExecutorType" value="REUSE" />
<!-- 全局启用或禁用延迟加载。当禁用时，所有关联对象都会即时加载 -->
<setting name="lazyLoadingEnabled" value="true"/>
<!-- 设置超时时间，它决定驱动等待一个数据库响应的时间 -->
<setting name="defaultStatementTimeout" value="25000"/>
</settings>

<!-- 别名配置 -->
<typeAliases>
<typeAlias alias="role" type="com.learn.chapter8.pojo.RoleBean" />
<typeAlias alias="user" type="com.learn.chapter8.pojo.UserBean" />
</typeAliases>

<!-- 指定映射器路径 -->
<mappers>
```

```
<mapper resource="com\learn\chapter8\dao\role.xml" />
<mapper resource="com\learn\chapter8\dao\user.xml" />
</mappers>
</configuration>
```

其次就是两个简单的 POJO 配置，一个是 RoleBean.java，如代码清单 8-29 所示；一个是 UserBean.java，如代码清单 8-30 所示。

代码清单 8-29：RoleBean.java

```java
package com.learn.chapter8.pojo;

importjava.util.Date;

public class RoleBean {
private Integer id;
private String roleName;
private Date createDate;
private String note;

public Integer getId() {
return id;
    }

public void setId(Integer id) {
        this.id = id;
    }

public String getRoleName() {
returnroleName;
    }

public void setRoleName(String roleName) {
this.roleName = roleName;
    }

public Date getCreateDate() {
returncreateDate;
    }

public void setCreateDate(Date createDate) {
this.createDate = createDate;
```

```
    }

public String getNote() {
return note;
    }

public void setNote(String note) {
this.note = note;
    }
```

代码清单 8-30：UserBean.java

```
package com.learn.chapter8.pojo;

importjava.util.Date;

public class UserBean {

private Integer id;
private String userName;
private Date birthday;
private String sex;
private String mobile;
private String email;
private String note;

public Integer getId() {
return id;
    }

public void setId(Integer id) {
        this.id = id;
    }

public String getUserName() {
returnuserName;
    }

public void setUserName(String userName) {
this.userName = userName;
    }
```

```
public Date getBirthday() {
return birthday;
    }

public void setBirthday(Date birthday) {
this.birthday = birthday;
    }

public String getSex() {
return sex;
    }

public void setSex(String sex) {
this.sex = sex;
    }

public String getMobile() {
return mobile;
    }

public void setMobile(String mobile) {
this.mobile = mobile;
    }

public String getEmail() {
return email;
    }

public void setEmail(String email) {
this.email = email;
    }

public String getNote() {
return note;
    }

public void setNote(String note) {
this.note = note;
    }
}
```

再次让我们分别提供这两个 POJO 配置的映射器，如代码清单 8-31、8-32 所示。

代码清单 8-31：RoleDAO.java

```
package com.learn.chapter8.dao;

importjava.util.List;

importorg.apache.ibatis.session.RowBounds;
importorg.springframework.stereotype.Repository;

import com.learn.chapter8.pojo.RoleBean;

@Repository
public interface RoleDAO {

publicintinsertRole(RoleBean role);

publicintupdateRole(RoleBean role);

publicintdeleteRole(Integer id);

publicRoleBeangetRole(Integer id);

public List<RoleBean>findRoles(String roleName, RowBoundsrowBounds);

}
```

代码清单 8-32：UserDAO.java

```
package com.learn.chapter8.dao;

importjava.util.List;

importorg.apache.ibatis.session.RowBounds;
importorg.springframework.stereotype.Repository;

import com.learn.chapter8.pojo.UserBean;

@Repository
public interface UserDAO {
```

```
publicUserBeangetUser(Integer id);

publicintinsertUser(UserBean user);

publicintdeleteUser(Integer id);

publicintupdateUser(UserBean user);

public List<UserBean>findUsers(String userName, RowBoundsrowBounds);
}
```

这样我们就有了两个接口。最后我们需要提供二者的映射规则——XML 映射文件，如代码清单 8-33、8-34 所示。

代码清单 8-33：role.xml

```
<?xml version="1.0" encoding="UTF-8" ?>
<!DOCTYPE mapper PUBLIC "-//mybatis.org//DTD Mapper 3.0//EN" "http://
mybatis.org/dtd/mybatis-3-mapper.dtd">
<mapper namespace="com.learn.chapter8.dao.RoleDAO">

<insert id="insertRole" parameterType="role">
insert into t_role (role_name, create_date, note)
value (#{roleName}, #{createDate}, #{note})
</insert>

<delete id="deleteRole" parameterType ="int">
delete from t_role where id = #{id}
</delete>

<select id="getRole" parameterType="int" resultType="role">
select id, role_name as roleName, create_date as createDate, note from t_role
where id = #{id}
</select>

<select id="findRoles" parameterType="string" resultType="role">
select id, role_name as roleName, create_date as createDate, note from t_role
whererole_name like concat('%', #{roleName}, '%')
</select>

<update id="updateRole" parameterType="role">
```

```
updatet_role
<set>
<if test="roleName != null">role_name = #{roleName}, </if>
<if test="note != null"> note = #{note} </if>
</set>
where id = #{id}
</update>
</mapper>
```

代码清单 8-34：user.xml

```
<?xml version="1.0" encoding="UTF-8" ?>
<!DOCTYPE mapper  PUBLIC "-//mybatis.org//DTD Mapper 3.0//EN"
"http://mybatis.org/dtd/mybatis-3-mapper.dtd">
<mapper namespace="com.learn.chapter8.dao.UserDAO">
<insert id="insertUser" parameterType="user">
insert into t_user (user_name, birthday, sex, mobile, email, note)
values(#{userName}, #{birthday}, #{sex}, #{mobile}, #{email}, #{note})
</insert>

<select id="findUsers" parameterType="string" resultType="user">
select id, user_name as userName, birthday, sex, mobile, email, note from
t_user
<where>
<if test="userName != null">
user_name like concat('%', #{userName}, '%')
</if>
</where>
</select>

<select id="getUser" parameterType="int" resultType="user">
select id, user_name as userName, birthday, sex, mobile, email, note
fromt_user id = #{id}
</select>

<delete id="deleteUser" parameterType="int">
delete from t_user where id = #{id}
</delete>

<update id="updateUser">
updatet_user
```

```
<set>
<if test="userName != null">user_name = #{userName}, </if>
<if test="birthday != null"> birthday = #{birthday}, </if>
<if test="sex != null"> sex = #{sex}, </if>
<if test="mobile != null"> mobile = #{mobile}, </if>
<if test="email != null"> email = #{email}, </if>
<if test="note != null"> note = #{note} </if>
</set>
where id = #{id}
</update>
</mapper>
```

这样就配置好了映射文件。

8.3.5　配置服务层

我们首先在配置文件里面配置了注解事务，然后扫描标注 Service 的 JavaBean 到 Spring 上下文中，方便以后使用。我们先给出 Service 接口，如代码清单 8-35、8-36 所示。

代码清单 8-35：RoleService.java

```java
package com.learn.chapter8.service;

importjava.util.List;

import com.learn.chapter8.pojo.RoleBean;

public interface RoleService {

public int insertRole(RoleBean role);

public int updateRole(RoleBean role);

public int deleteRole(Integer id);

public RoleBean getRole(Integer id);

public List<RoleBean>findRoles(String roleName, int start, int limit);
}
```

代码清单 8-36：UserService.java

```
package com.learn.chapter8.service;

import java.util.List;

import com.learn.chapter8.pojo.UserBean;

public interface UserService {

public UserBean getUser(Integer id);

public int insertUser(UserBean user);

public int deleteUser(Integer id);

public int updateUser(UserBean user);

public List<UserBean>findUsers(String userName, int start, int limit);
}
```

然后就是实现类，如代码清单 8-37、8-38 所示。

代码清单 8-37：RoleServiceImpl.java

```
package com.learn.chapter8.service.impl;

importjava.util.List;

importorg.apache.ibatis.session.RowBounds;
importorg.springframework.beans.factory.annotation.Autowired;
importorg.springframework.stereotype.Service;
importorg.springframework.transaction.annotation.Propagation;
importorg.springframework.transaction.annotation.Transactional;

import com.learn.chapter8.dao.RoleDAO;
import com.learn.chapter8.pojo.RoleBean;
import com.learn.chapter8.service.RoleService;

@Service
public class RoleServiceImpl implements RoleService {
```

```
    @Autowired
privateRoleDAOroleDao;

    @Override
@Transactional(propagation = Propagation.REQUIRED)
publicintinsertRole(RoleBean role) {
returnthis.roleDao.insertRole(role);
    }

    @Override
@Transactional(propagation = Propagation.REQUIRED)
publicintupdateRole(RoleBean role) {
returnthis.roleDao.updateRole(role);
    }

    @Override
@Transactional(propagation = Propagation.REQUIRED)
publicintdeleteRole(Integer id) {
returnthis.roleDao.deleteRole(id);
    }

    @Override
@Transactional(propagation = Propagation.SUPPORTS)
publicRoleBeangetRole(Integer id) {
returnthis.roleDao.getRole(id);
    }

    @Override
@Transactional(propagation = Propagation.SUPPORTS)
public List<RoleBean>findRoles(String roleName, int start, int limit) {
returnthis.roleDao.findRoles(roleName, new RowBounds(start, limit));
    }
}
```

代码清单 8-38：UserServiceImpl.java

```
package com.learn.chapter8.service.impl;

importjava.util.List;

import org.apache.ibatis.session.RowBounds;
```

```java
import org.springframework.beans.factory.annotation.Autowired;
import org.springframework.stereotype.Service;
import org.springframework.transaction.annotation.Propagation;
import org.springframework.transaction.annotation.Transactional;
import com.learn.chapter8.dao.UserDAO;
import com.learn.chapter8.pojo.UserBean;
import com.learn.chapter8.service.UserService;

@Service
public class UserServiceImpl implements UserService {

    @Autowired
    private UserDAO userDao;

    @Override
    @Transactional(propagation = Propagation.SUPPORTS)
    public UserBean getUser(Integer id) {
        return this.userDao.getUser(id);
    }

    @Override
    @Transactional(propagation = Propagation.REQUIRED)
    public int insertUser(UserBean user) {
        return this.userDao.insertUser(user);
    }

    @Override
    @Transactional(propagation = Propagation.REQUIRED)
    public int deleteUser(Integer id) {
        return this.userDao.deleteUser(id);
    }

    @Override
    @Transactional(propagation = Propagation.REQUIRED)
    public int updateUser(UserBean user) {
        return this.userDao.updateUser(user);
    }

    @Override
    @Transactional(propagation = Propagation.SUPPORTS)
    public List<UserBean>findUsers(String userName, int start, int limit) {
```

```
    return this.userDao.findUsers(userName, new RowBounds(start, limit));
    }
}
```

注意，在查询方法中，我们加入了下面这行代码。

```
@Transactional(isolation=Isolation.READ_COMMITTED,propagation=Propagatio
n. SUPPORTS)
```

这便是 Spring 控制事务的注解，在运行它的时候，采用隔离性为读写提交的层级，传播行为为如果有事务就支持，如果没有就不开启。

在更新数据操作里，我们加入了下面这行代码。

```
@Transactional(isolation=Isolation.READ_COMMITTED,propagation=Propagatio
n.REQUIRED)
```

当没有事务的时候就开启事务，在运行它的时候，采用隔离性为读写提交的层级，传播行为为如果当前已经开启了事务，就加入当前事务。

8.3.6　编写控制器

Spring MVC 中是通过 DispatcherServlet 进行分发请求的，在自动扫描的环境中 Spring 会将注解了 @Controller 的类注册为控制器，而将控制器中注解为 @RequestMapping 中的 value 值作为分发路径，以确定请求哪个方法。下面让我们看看控制器，如代码清单 8-39 所示。

代码清单 8-39：RoleController.java

```
package com.learn.chapter8.controller;

import org.springframework.beans.factory.annotation.Autowired;
import org.springframework.stereotype.Controller;
import org.springframework.web.bind.annotation.RequestMapping;
import org.springframework.web.bind.annotation.RequestParam;
import org.springframework.web.bind.annotation.ResponseBody;

import com.learn.chapter8.pojo.RoleBean;
import com.learn.chapter8.service.RoleService;
```

```
@Controller
public class RoleController {

    @Autowired
private RoleService roleService = null;

@RequestMapping("/role/getRole")
    @ResponseBody
public RoleBean getRole(@RequestParam("id") int id) {
long start = System.currentTimeMillis();
RoleBean role = this.roleService.getRole(id);
long end = System.currentTimeMillis();
System.err.println(end - start);
return role;
    }
}
```

我们获取了一个角色 id，通过 RoleService 找到角色，最后将其返回。由于方法标注了 @ResponseBody，所以返回的角色会被 Spring MVC 配置的 JSON 视图拦截器拦截，并将其转化为 JSON。

8.3.7　测试

至此我们完成了代码编写，尝试运行一下程序，如图 8-6 所示。

图 8-6　程序运行

结果正是我们需要的 JSON 数据，这样 Spring 就和 MyBatis 结合起来了，可以作为 Ajax 的请求后台使用，测试成功。

8.4　总结

本章主要讲解了 MyBatis 和 Spring 框架的结合。

　　从 Spring 的简易基础开始，主要论述了 Spring 提供的 IOC 容器和 AOP 编程。我们用动态代理分析了 AOP 运行的原理和过程，在此基础上论述了 AOP 是如何管理数据库事务的。数据库事务是本章的重点。在实际编程中数据库事务和传播行为是常常遇到的情况了，作为一个开发人员务必要掌握它们。然后，我们讨论了 Spring MVC 的基本框架，这是目前互联网最常用的框架之一，具有很高的使用价值。基于 Spring 的这些基础，我们讨论了 MyBatis-Spring 的内容，让大家看到了如何在 Spring 环境中完成 MyBatis 的基础配置、映射器、SqlSessionTemplate。最后，带领大家做了一个可以运行的 MyBatis-Spring 实例。

第**9**章

实用的场景

本章主要介绍一些实用的场景，让大家了解在实际工作中应该如何使用 MyBatis。这些场景包括数据库的 BLOB 字段的读写、批量更新、调度存储过程、分页、使用参数作为列名、分表等内容。这些场景在大量的编码中使用，具备较强的实用价值，这些内容都是笔者通过实战得来的，供读者们参考。

9.1 数据库 BLOB 字段读写

对于文件的操作，在数据库中往往是通过 BLOB 字段进行支持的，所以我们先看看MyBatis 对 Blob 字段的支持。

在第 3 章配置里面，我们谈到了 typeHandler，实际上 MyBatis 在其默认的类型处理器中为我们提供了 BlobTypeHandler 和 BlobByteObjectArrayTypeHandler。其中最常用的是BlobTypeHandler，而 BlobByteObjectArrayTypeHandler 是用于数据库兼容性的，并不常用。为了方便举例讲解，我们要先建一个数据库表，如代码清单 9-1 所示。

代码清单 9-1：建 BLOB 字段表

```
CREATE TABLE t_file (
id INT NOT NULL AUTO_INCREMENT,
file BLOB,
PRIMARY KEY (id)
);
```

然后，建一个 POJO 与之对应，如代码清单 9-2 所示。

代码清单 9-2：建立 POJO

```java
public class TFile {
    private Long id;
    private byte[] file;//用来保存 BLOB 字段
    public Long getId() {
        return id;
    }
    public void setId(Long id) {
        this.id = id;
    }
    public byte[] getFile() {
        return file;
    }
    public void setFile(byte[] file) {
        this.file = file;
    }
}
```

最后，给出一个映射器的 XML 文件，如代码清单 9-3 所示。

代码清单 9-3：BLOB 字段映射器

```xml
<?xml version="1.0" encoding="UTF-8" ?>
<!DOCTYPE mapper
  PUBLIC "-//mybatis.org//DTD Mapper 3.0//EN"
  "http://mybatis.org/dtd/mybatis-3-mapper.dtd">
<mapper namespace="com.learn.chapter9.mapper.FileMapper">
<insert    id="insertFile"    keyProperty="id"    useGeneratedKeys="true"
parameterType="com.learn.chapter9.pojo.TFile">
insert into t_file(file) values (#{file})
</insert>

<select id="getFile" parameterType="int" resultType="com.learn.chapter9.
pojo.TFile">
select id, file from t_file
</select>
</mapper>
```

我们将其注册在配置文件里面，这样便可以测试代码了，如代码清单 9-4 所示。

代码清单 9-4：测试 BLOB 字段的读取

```java
public static void insert() throws Exception {
```

```
File f = new File("E:\\random.java");
FileInputStream in = new FileInputStream(f);
byte[] bytes = new byte[(int) f.length()];
try {
    in.read(bytes);
} finally {
    in.close();
}
TFiletfile = new TFile();
tfile.setFile(bytes);
SqlSession session = SqlSessionFactoryUtil.openSqlSession();
try {
    FileMapperfmapper = session.getMapper(FileMapper.class);
    fmapper.insertFile(tfile);
    System.err.println(tfile.getId());
    session.commit();
} catch (Exception ex) {
    session.rollback();
    ex.printStackTrace();
} finally {
    if (session != null) {
        session.close();
    }
}
}

public static void getFile() {
    SqlSession session = SqlSessionFactoryUtil.openSqlSession();
    try {
        FileMapperfmapper = session.getMapper(FileMapper.class);
        TFile file = fmapper.getFile(1);
        System.err.println(file.getFile().length);
    } catch (Exception ex) {
        session.rollback();
        ex.printStackTrace();
    } finally {
        if (session != null) {
            session.close();
        }
    }
}
```

完成上面的操作就能够正确读取 BLOB 字段了。

但是更多的时候我们都应该有一个文件服务器，数据库读取文件路径即可，而不把文件写入数据库。因为一旦文件很大，那么这个方法就很容易引起内存溢出。所以这样读写 BLOB 字段时要十分小心，注意使用的场景才行。

9.2 批量更新

在数据库中使用批量更新有助于提高性能。在 MyBatis 中，我们可以修改配置文件中 settings 的 defaultExecutorType 来制定其执行器为批量执行器，如代码清单 9-5 所示。

代码清单 9-5：配置批量执行器

```
<settings>
......
  <setting name="defaultExecutorType" value="BATCH"/>
......
</settings>
```

当然我们也可以用 Java 代码来实现批量执行器的使用，如代码清单 9-6 所示。

代码清单 9-6：打开批量 SqlSession

```
sqlSessionFactory.openSession(ExecutorType.BATCH);
```

如果你是在 Spring 环境中使用批量执行器，也可以这样定义 Spring 的 Bean，如代码清单 9-7 所示。

代码清单 9-7：Spring 环境下的批量执行器

```
<bean id="sqlSessionTemplate"
class="org.mybatis.spring.SqlSessionTemplate">
  <constructor-arg index="0" ref="sqlSessionFactory" />
  <!--更新采用批量模式 -->
  <constructor-arg index="1" value="BATCH"/>
  </bean>
```

批量执行需要注意的问题是，一旦使用了批量执行器，那么在默认的情况下，它在 commit 后才发送 SQL 到数据库，此时我们需要注意代码清单 9-8 所示的问题。

代码清单 9-8：批量执行器问题代码

```
SqlSession session = SqlSessionFactoryUtil.openSqlSession();
try {
    RoleMapper rmapper = session.getMapper(RoleMapper.class);
    Role role = new Role();
    role.setRoleNo("role_no_xxx");
    role.setRoleName("role_name_xxx");
    role.setRoleNo("role_note_xxx");
    rmapper.insertRole(role);
    Role role2 = rmapper.getRole("role_no_xxx");
    System.err.println(role2.getRoleName());
    session.commit();
} catch(Exception ex) {
    session.rollback();
    ex.printStackTrace();
} finally {
    if (session != null) {
        session.close();
    }
}
```

我们运行上面的代码后，出现了下面这行代码：

```
System.err.println(role2.getRoleName());
```

抛出空异常，然后事务回滚。

从代码上看，我们先插入了 role 到数据库，它运行了代码 role2 依旧为空，所以打印其名称的时候将抛出异常，为什么会这样呢？由于我们采用了批量的执行器，则更新数据 SQL 的执行操作是要到 session.commit()中才会被 MyBatis 发送到数据库执行的，所以在我们执行下面的操作之前，insert 在数据库中根本没有被执行，于是便出现了这句话获取一个空对象的情况。这是我们需要注意的。

```
Role role2 = rmapper.getRole("role_no_xxx");
```

而我们在 getRole 方法调用前并不想提交事务，因为后面可能还有其他更新的数据库语句要执行，这个时候我们只要执行 SqlSession 的 flushStatements 方法便可以了，它的含义是将当前缓存的 SQL 发送给数据库执行。于是我们按照代码清单 9-9 的方法修改代码。

```
RoleMapper rmapper = session.getMapper(RoleMapper.class);
Role role = new Role();
role.setRoleNo("role_no_xxx");
role.setRoleName("role_name_xxx");
role.setNote("role_note_xxx");
rmapper.insertRole(role);
session.flushStatements();
Role role2 = rmapper.getRole("role_no_xxx");
System.err.println(role2.getRoleName());
session.commit();
```

这样就避免了在一个事务里面插入了数据，而 select 查不出来的情况，代码就能运行成功了，我们在使用批量更新的时候要特别注意这个问题。

9.3 调用存储过程

MyBatis 对存储过程提供了调用功能，并且支持对游标数据的转化功能，让我们在这里学习它们。

9.3.1 存储过程 in 和 out 参数的使用

MyBatis 支持存储过程，并且对它们进行封装。让我们看看 MyBatis 是如何实现对存储过程支持的。这里笔者采用了 Oracle 数据库，我们先来新建一个存储过程，如代码清单 9-10 所示。

代码清单 9-10：新建存储过程

```
CREATE OR REPLACE PROCEDURE count_role( p_role_name in varchar, count_total
out int, exec_date out date )
IS
BEGIN
select count(*) into count_total from t_role where role_name like '%'
||p_role_name || '%' ;
select sysdate into exec_date from dual;
End
```

我们新建了一个按角色名称模糊查询的存储过程，这里的存储过程中存在一个 in 参数，两个 out 参数。in 参数是一个输入的参数，而 out 参数则是一个输出的参数。首先我们把模糊查询的结果保存到 count_total 这个 out 参数中，并且将当前日期保存在 out_date 这个参数中，然后结束过程。

我们首先定义一个 POJO 来反映这个存储过程的参数，如代码清单 9-11 所示。

代码清单 9-11：存储过程参数 POJO

```java
public class ProcedurePojo {
    private String roleName = null;

    private int result = 0;

    private Date execDate;

    public String getRoleName() {
        return roleName;
    }

    public void setRoleName(String roleName) {
        this.roleName = roleName;
    }

    public int getResult() {
        return result;
    }

    public void setResult(int result) {
        this.result = result;
    }

    public Date getExecDate() {
        return execDate;
    }

    public void setExecDate(Date execDate) {
        this.execDate = execDate;
    }
}
```

　　这里我们可以轻易看到 POJO 和存储过程参数的对应关系。那么还需要在 XML 映射器中配置它们，如代码清单 9-12 所示。

代码清单 9-12：配置存储过程

```
<select id="count"
  parameterType="com.learn.chapter9.pojo.ProcedurePojo"
  statementType="CALLABLE">
   {call count_role (
   #{roleName, mode=IN, jdbcType=VARCHAR},
   #{result, mode=OUT, jdbcType=INTEGER},
   #{execDate, mode=OUT, jdbcType=DATE}
   )}
</select>
```

　　这里的 statementType="CALLABLE" 告诉 MyBatis 我们将用存储过程的方式去执行它。如果不声明它，程序将会抛出异常。参数定义，mode=IN 的时候为输入参数，mode=OUT 的时候为输出参数，jdbcType 定义为数据库的类型。当我们这样写的时候，MyBatis 会帮我们回填 result 和 execDate。当然也可以使用 Map，但是我们不推荐那么做，因为 Map 将失去业务可读性。为了测试需要请声明一下 Mapper 接口，如代码清单 9-13 所示。

代码清单 9-13：存储过程接口

```
public interface ProcedureMapper {
    public void count(ProcedurePojo pojo);
}
```

　　这样我们便能够测试一下这个接口，让我们看看测试代码，如代码清单 9-14 所示。

代码清单 9-14：测试存储过程 in 和 out 参数

```
sqlSession= SqlSessionFactoryUtil.openSqlSession();
ProcedureMapper procedureMapper =
    sqlSession.getMapper(ProcedureMapper.class);
int result = 0;
ProcedurePojo pojo = new ProcedurePojo();
pojo.setRoleName("role");
procedureMapper.count(pojo);
System.err.println(pojo.getRoleName() + "\t" + pojo.getResult() + "\t");
SimpleDateFormat df = new SimpleDateFormat("yyyy-MM-dd");
System.err.println(df.format(pojo.getExecDate()));
```

我们这里只是传递一个 **roleName** 参数到过程中，再通过接口调度过程，最后打印一下返回的其他属性。让我们看看测试结果。

```
==> Preparing: {call count_role ( ?, ?, ? )}
DEBUG 2015-12-21 10:36:53,731 org.apache.ibatis.logging.jdbc.BaseJdbc
Logger: ==> Parameters: role(String)
role    6
2015-12-21
DEBUG   2015-12-21   10:36:53,750   org.apache.ibatis.transaction.jdbc.
JdbcTransaction: Resetting autocommit to true on JDBC Connection
[oracle.jdbc.driver.T4CConnection@3d99d22e]
......
```

我们通过日志可以发现过程已经被我们调用了，而结果也正确打印出来了。这样我们就可以轻松使用存储过程来获取我们想要的数据了。

9.3.2　存储过程游标

我们在 9.3.1 节看到了 in 和 out 参数的使用过程，还是比较简单的，但是在存储过程中往往还需要返回游标。MyBatis 对存储过程的游标提供了一个 JdbcType=CURSOR 的支持，它可以智能地把游标读到的数据通过配置的映射关系映射到某个类型的 POJO 上，方便了我们的使用，让我们看看它的用法。

这里我们使用角色名称 **p_role_name** 查询角色，但是往往查询需要考虑分页的效果，所以新加了 **p_start** 和 **p_end** 参数来确定从数据库的第几行到第几行，从而确定分页。而分页还需要一个总数，我们用存储过程的 out 参数 **r_count** 记录，而查询到的具体角色用游标 **ref_cur** 来记录，遍历它将可以得到对应查询出来的记录。编写过程如代码清单 9-15 所示。

代码清单 9-15：使用游标的存储过程

```
create or replace procedure find_role(
p_role_name in varchar,
p_start in int,
p_end in int,
r_count out int,
ref_cur out sys_refcursor) AS
BEGIN
 select count(*) into r_count from t_role where role_name like '%'
```

```
||p_role_name|| '%' ;
 open ref_cur for
select role_no, role_name, note, create_date from
(SELECT role_no, role_name, note, create_date, rownum as row1 FROM t_role a
 where a.role_name like '%' ||p_role_name|| '%' and rownum <=p_end)
where row1> p_start;
end find_role;
```

这里统计了满足条件的总数，并用游标打开返回满足条件的模糊查询记录。这个游标中每行的数据需要一个 POJO 进行保存，我们先定义游标返回的 POJO，如代码清单 9-16 所示。

代码清单 9-16：定义游标返回的 POJO

```
public class TRole {
private String roleNo;
private String roleName;
private String note;
private Date createDate;

public String getRoleNo() {
    return roleNo;
}
public void setRoleNo(String roleNo) {
    this.roleNo = roleNo;
}
public String getRoleName() {
    return roleName;
}
public void setRoleName(String roleName) {
    this.roleName = roleName;
}
public String getNote() {
    return note;
}
public void setNote(String note) {
    this.note = note;
}
public Date getCreateDate() {
    return createDate;
}
```

```
public void setCreateDate(Date createDate) {
    this.createDate = createDate;
}
}
```

显然 POJO 和游标的返回值是一一对应的。但是返回的不单单是游标，还有另外一个总数和其他参数。那么让我们在游标的 POJO 的基础上再定义一个 POJO，如代码清单 9-17 所示。

代码清单 9-17：游标参数和结果 POJO

```
public class PageRole{
    private int start;
    private int end;
    private int count;
    private String roleName;
    private List<TRole> roleList;

    public int getStart() {
        return start;
    }
    public String getRoleName() {
        return roleName;
    }
    public void setRoleName(String roleName) {
        this.roleName = roleName;
    }
    public void setStart(int start) {
        this.start = start;
    }
    public int getEnd() {
        return end;
    }
    public void setEnd(int end) {
        this.end = end;
    }
    public int getCount() {
        return count;
    }
    public void setCount(int count) {
        this.count = count;
```

```
    }
    public List<TRole> getRoleList() {
        return roleList;
    }
    public void setRoleList(List<TRole> roleList) {
        this.roleList = roleList;
    }
}
```

这里我们是以 roleList 来保存游标的数据的，count 代表总数。然后定义游标返回的映射规则，如代码清单 9-18 所示。

代码清单 9-18：定义游标返回的映射规则

```
<resultMap id="roleMap" type="com.learn.chapter9.pojo.TRole">
        <id property="roleName" column="ROLE_NAME" />
        <result property="roleNo" column="USER_NAME" />
        <result property="note" column="NOTE" />
        <result property="createDate" column="CREATE_DATE"/>
    </resultMap>

    <select        id="findRole"        parameterType="com.learn.chapter9.pojo.
PageRole"
        statementType="CALLABLE">
        {call find_role(
        #{roleName, mode=IN, jdbcType=VARCHAR},
        #{start, mode=IN, jdbcType=INTEGER},
        #{end, mode=IN, jdbcType=INTEGER},
        #{count, mode=OUT, jdbcType=INTEGER},
        #{roleList,mode=OUT,jdbcType=CURSOR,
javaType=ResultSet,resultMap= roleMap}
        )}
    </select>
```

首先我们定义了一个 roleMap，它能满足游标返回对 POJO 的映射，这样我们就在过程游标输出参数里面定义了。

```
jdbcType=CURSOR, javaType=ResultSet,resultMap=roleMap
```

此时 MyBatis 就知道游标的数据集可以依赖于 roleMap 定义的规则去转化为 roleList

列表对象。其他的参数规则与 9.3.1 节讲到的 in 和 out 参数规则相同。

最后，我们定义接口，如代码清单 9-19 所示。

代码清单 9-19：定义游标映射器接口

```
public void findRole(PageRole pageRole);
```

现在测试这段代码，如代码清单 9-20 所示。

代码清单 9-20：测试带游标的存储过程

```
sqlSession= SqlSessionFactoryUtil.openSqlSession();
        ProcedureMapper    procedureMapper    =    sqlSession.getMapper
(ProcedureMapper.class);
        int result = 0;
        PageRole pageRole = new PageRole();
        pageRole.setRoleName("role");
        pageRole.setStart(0);
        pageRole.setEnd(5);
        pageRole.setCount(0);
        pageRole.setRoleList(new ArrayList<TRole>());
        procedureMapper.findRole(pageRole);
        System.err.println(pageRole.getCount());
        for (TRole role : pageRole.getRoleList()) {
          System.err.println("role_no=>"  +  role.getRoleNo()  +  ",
role_name = >" + role.getRoleName());
        }
```

运行一下代码，我们便可以得到想要的结果。

```
DEBUG   2015-12-21   13:44:04,475   org.apache.ibatis.logging.LogFactory:
Logging   initialized   using   'class   org.apache.ibatis.logging.slf4j.
Slf4jImpl' adapter.
......
DEBUG 2015-12-21 13:44:04,801 org.apache.ibatis.logging.jdbc.BaseJdbcLogger:
==> Preparing: {call find_role( ?, ?, ?, ?, ? )}
DEBUG 2015-12-21 13:44:04,874 org.apache.ibatis.logging.jdbc.BaseJdbcLogger:
==> Parameters: role(String), 0(Integer), 5(Integer)
6
role_no=>null, role_name = >role_name1
role_no=>null, role_name = >role_name2
```

```
role_no=>null, role_name = >role_name3
role_no=>null, role_name = >role_name4
role_no=>null, role_name = >role_name5
......
DEBUG   2015-12-21   13:44:04,914   org.apache.ibatis.datasource.pooled.
PooledDataSource: Returned connection 215145189 to pool.
```

一个游标便被映射成了我们想要的 POJO 对象返回给调用者了。

9.4 分表

在大型互联网中应用表的数据会很多，为了减少单表的压力，提高性能，我们往往会考虑分表的算法。

在实际工作中，比如大型公司的账单表（t_bill）可能有上亿条，对于这种情况我们往往需要进行分表处理。账单表有许多数据，我们可以把 2015 年的账单保存在表（t_bill_2015）中，2016 年的账单保存在表（t_bill_2016）中，未来我们还需要建 2020 年的表（t_bill_2020）。MyBatis 允许我们把表名作为参数传递到 SQL 中，这样就能迅速解决这些问题了。

假设有一个场景，用户希望知道年份和账单编号（id）以查找账单，那么我们可以知道两个参数，即年份和 id。其中年份对账单表的名称产生影响，id 则是我们查询的参数。让我们先定义接口参数，如代码清单 9-21 所示。

代码清单 9-21：使用年份作为表名参数

```
public Bill getBill(@Param("year") int year,@Param("id") Long id);
```

很普通的定义，然后我们看看映射器 XML 的定义代码，如代码清单 9-22 所示。

代码清单 9-22：表名也是参数

```
<select id="getBill" resultType="com.learn.chapter9.pojo.Bill">
    select id, bill_name as billName, note
    from t_bill_${year} where id = #{id}
</select>
```

${year}的含义是直接让参数加入到 SQL 中。换句话说，我们可以使用这样的一个规则：让 SQL 的任何部分都可以被参数改写，包括列名，以此来满足不同的需求。但是这样是危险的，比如把 year 参数修改为 1900，那么这条语句的 SQL 就变为了查询 t_bill_1900，而这个表根本就不存在，这会导致发生错误。如果不是很有必要，笔者不推荐使用。对于参数笔者还是建议使用"#{}"的形式。让我们测试代码清单 9-23。

代码清单 9-23：测试分表表名参数

```java
SqlSession session = SqlSessionFactoryUtil.openSqlSession();
    try {
        BillMapper billMapper = session.getMapper(BillMapper.class);
        Bill bill2015 = billMapper.getBill(2015, 1L);
        System.err.println(bill2015.getBillName());
        Bill bill2020 = billMapper.getBill(2020, 1L);
        System.err.println(bill2020.getBillName());
    } catch(Exception ex) {
        session.rollback();
        ex.printStackTrace();
    } finally {
        if (session != null) {
            session.close();
        }
    }
```

运行一下，得到下面的结果。

```
DEBUG 2015-12-21 14:31:39,310 org.apache.ibatis.logging.LogFactory: Logging
initialized using 'class org.apache.ibatis.logging.slf4j.Slf4jImpl' adapter.
  ......
  DEBUG 2015-12-21 14:31:39,713 org.apache.ibatis.logging.jdbc.BaseJdbcLogger:
==> select id, bill_name as billName, note from t_bill_2015 where id = ?
  DEBUG 2015-12-21 14:31:39,742 org.apache.ibatis.logging.jdbc.BaseJdbcLogger:
==> Parameters: 1(Long)
  DEBUG 2015-12-21 14:31:39,763 org.apache.ibatis.logging.jdbc.BaseJdbcLogger:
<==     Total: 1
bill_name_2015
  DEBUG 2015-12-21 14:31:39,765 org.apache.ibatis.logging.jdbc.BaseJdbcLogger:
==> Preparing: select id, bill_name as billName, note from t_bill_2020 where
id = ?
  ......
  DEBUG 2015-12-21 14:31:39,771 org.apache.ibatis.datasource.pooled.Pooled
DataSource: Returned connection 527446182 to pool.
```

从日志我们可以看出表名参数传递完全成功。

9.5　分页

MyBatis 具有分页功能，它里面有一个类——RowBounds，我们可以使用 RowBounds 分页。但是使用它分页有一个很严重的问题，那就是它会在一条 SQL 中查询所有的结果出来，然后根据从第几条到第几条取出数据返回。如果这条 SQL 返回很多数据，毫无疑问，系统就很容易抛出内存溢出的异常。因此我们需要用其他方法去处理它。这里将分别讨论用 RowBounds 传递参数的分页方法和使用插件的 SQL 分页方法。

9.5.1　RowBounds 分页

RowBounds 分页是 MyBatis 的内置功能，在任何的 select 语句中都可以使用它。我们来掌握一下 RowBounds 的源码，如代码清单 9-24 所示。

代码清单 9-24：RowBounds 源码

```
public class RowBounds {

  public static final int NO_ROW_OFFSET = 0;
  public static final int NO_ROW_LIMIT = Integer.MAX_VALUE;
  public static final RowBounds DEFAULT = new RowBounds();

  private int offset;
  private int limit;

  public RowBounds() {
    this.offset = NO_ROW_OFFSET;
    this.limit = NO_ROW_LIMIT;
  }

  public RowBounds(int offset, int limit) {
    this.offset = offset;
    this.limit = limit;
  }

  public int getOffset() {
    return offset;
  }

  public int getLimit() {
```

```
    return limit;
  }
}
```

RowBounds 主要定义了两个参数，offset 和 limit。其中，offset 代表从第几行开始读取数据，而 limit 则是限制返回的记录数。在默认的情况下，offset 的默认值为 0，而 limit 则是 Java 所允许的最大整数（2147483647）。不过在一些大数据的场合，一次性取出大量的数据，比方说从一张表中一次性取出上百万条记录，这对内存的消耗是很大的，性能差不说，这么多的数据还会引起内存溢出的问题，所以在大数据的查询场景下要慎重使用它。

我们看一个简单的查询，通过角色名称模糊查询角色信息，如代码清单 9-25 所示。

代码清单 9-25：通过角色名称模糊查询

```xml
<select id="findRolesByName" parameterType="string" resultMap= "roleResultMap">
        select role_no, role_name, note from t_role where role_name like
concat('%', #{roleName}, '%')
    </select>
```

接口定义需要修改为下面的形式，如代码清单 9-26 所示。

代码清单 9-26：定义 RowBounds 接口

```java
public List<Role> findRolesByName(String roleName, RowBounds rowbounds);
```

这样便可以使用这个参数了，现在让我们测试一下代码清单 9-27。

代码清单 9-27：测试 RowBounds

```java
RoleMapper roleMapper = session.getMapper(RoleMapper.class);
        List<Role> roleList = roleMapper.findRolesByName("role", new
RowBounds(0, 5));
        for(Role role : roleList) {
            System.err.println("role_no=>"+role.getRoleNo() + "\t role_
name=>"+role.getRoleName() );
        }
```

测试结果如下。

```
.......
role_no=>role1    role_name=>role_name1
```

```
role_no=>role2    role_name=>role_name2
role_no=>role3    role_name=>role_name3
role_no=>role4    role_name=>role_name4
role_no=>role5    role_name=>role_name5
......
```

显然系统限制了 5 条记录，在一些不需要考虑大数据量的场景下我们可以使用它，比较方便和简易。

注意，虽然 RowBounds 分页在任何的 select 语句中都可以使用，但是它是在 SQL 查询出所有结果的基础上截取数据的，所以在大数据量返回的 SQL 中并不适用。RowBounds 分页更适合在一些返回数据结果较少的查询中使用。

9.5.2　插件分页

9.5.1 节我们谈到了 RowBounds 分页的不足，大数据量下会常常发生内存溢出，为了避免这个问题，我们需要修改 SQL。因此，我们往往需要提供一个插件重写 SQL 来进行分页，以避免大数据量的问题。

在编写插件之前，我们需要回顾第 6 章和第 7 章的内容，只有在掌握了 SqlSession 下四大对象的运作过程和插件开发的过程，才能写出安全高效的插件。

分页插件是 MyBatis 中最为经典和常用的插件，所以首先要确定拦截方法，通过第 6 章的学习我们知道，SQL 的预编译是在 StatementHandler 对象的 prepare 方法中进行的，因此我们需要在此方法运行之前去创建计算总数 SQL，并且通过它得到查询总条数，然后将当前要运行的 SQL 改造为分页的 SQL，这样就能保证 SQL 分页。

为了方便分页插件的使用，这里先定义一个 POJO 对象，如代码清单 9-28 所示。

代码清单 9-28：定义分页插件 POJO

```
public class PageParams {
    private Integer page;//当前页码
    private Integer pageSize;//每页条数
    private Boolean useFlag;//是否启用插件
    private Boolean checkFlag;//是否检测当前页码的有效性
    private Integer total;//当前 SQL 返回总数，插件回填
    private Integer totalPage;//SQL 以当前分页的总页数，插件回填
// ......setters and getters......
    }
```

这样就可以通过这个 POJO 去定义当前的页码，每页的条数，是否启用插件，是否检测当前页码的有效性，通过这些属性可以控制插件的行为。而 total 和 totalPage 则是等待插件回填的两个数据，通过回填的数据，调用者就可以轻易得到这条 SQL 运行的总数和总页数。

有了思路，就要去确定方法签名，MyBatis 插件要求提供 3 个注解信息：拦截对象类型（type，只能是四大对象中的一个），方法名称（method）和方法参数（args）。由于我们拦截的是 StatementHandler 对象的 prepare 方法，它的参数是 Connnection 对象，所以就可以得到如代码清单 9-29 所示的分页插件签名。

代码清单 9-29：分页插件签名

```
@Intercepts({
@Signature(
type =StatementHandler.class,
method = "prepare",
args ={Connection.class}
)})
publicclass PagingPlugin implements Interceptor {
        ......
}
```

通过第 7 章的学习，大家都知道插件需要实现 Interceptor 接口，它定义了 3 个方法：

- intercept。
- plugin。
- setProperties。

定义分页 POJO 属性的一些默认值，有了默认值可以更加方便地使用分页插件。我们可以通过插件接口所提供的 setProperties(Propterties porps)方法进行设置，因此只要在分页插件中配置这些默认值就可以了。而 plugin()方法用于生成代理对象，可以使用 MyBatis 的方法 Plugin.wrap()，至于其原理请查看第 7 章的内容。我们很快就可以完成 plugin 方法和 setProperties 方法，如代码清单 9-30 所示。

代码清单 9-30：分页插件的 setProperties 和 plugin 方法

```
@Intercepts({
    @Signature(type = StatementHandler.class,
        method = "prepare",
        args = {Connection.class})})
```

```
public class PagingPlugin implements Interceptor {
    private Integer defaultPage;//默认页码
    private Integer defaultPageSize;//默认每页条数
    private Boolean defaultUseFlag;//默认是否启动插件
    private Boolean defaultCheckFlag;//默认是否检测当前页码的正确性
    @Override
    public Object plugin(Object statementHandler) {
        return Plugin.wrap(statementHandler, this);
    }

    @Override
    public void setProperties(Properties props) {
        String strDefaultPage = props.getProperty("default.page", "1");
        String strDefaultPageSize = props.getProperty("default.pageSize",
"50");
        String strDefaultUseFlag = props.getProperty("default.useFlag",
"false");
        String strDefaultCheckFlag = props.getProperty("default.checkFlag",
"false");
        this.defaultPage = Integer.parseInt(strDefaultPage);
        this.defaultPageSize = Integer.parseInt(strDefaultPageSize);
        this.defaultUseFlag = Boolean.parseBoolean(strDefaultUseFlag);
        this.defaultCheckFlag = Boolean.parseBoolean(strDefaultCheckFlag);
    }
    @Override
    public Object intercept(Invocation invocation) throws Throwable {
        .....
    }
    ......
    }
```

这里使用了 setProperties()方法去设置配置的参数得到默认值，然后通过 Plugin.wrap()方法去生产动态代理对象，一般而言我们都是那么使用的。

现在我们讨论 intercept 方法，这是我们的重点。这里支持 3 种传递分页参数的方法：继承 PageParams 的 POJO 作为参数；使用注解@Param 传递 PageParams 对象；使用 Map 传递参数。使用其中任意一种都是支持的，稍后会给出分离分页参数的方法。

这里需要先统计当前 SQL 运行可以返回的总条数。因此，我们先要构造统计总条数的 SQL，然后运行它得到总条数，再通过每页多少条的 pageSize 进而算出最大页数，回填之前定义的 POJO。而拿到当前运行的 SQL 去构建统计总条数的 SQL 还是比较容易的，但是这里的难点是给构造的计算总条数 SQL 设置参数。这是头疼的问题，不过应该注意到它和查询语句的参数是一致的，因此可以利用 MyBatis 自身提供的类来设置参数，在第 6 章讲述过它是通过 ParameterHandler 对象完成的，因此需要构建一个新的 ParameterHandler 对象，在 MyBatis 中默认是使用 DefaultParameterHandler 来实现 ParameterHandler 的，使用它就可以给总条数 SQL 设置参数，所以先看看它的构造方法，如代码清单 9-31 所示。

代码清单 9-31：DefaultParameterHandler 的构造方法

```
public class DefaultParameterHandler implements ParameterHandler {
......
  public DefaultParameterHandler(MappedStatement mappedStatement, Object
parameterObject, BoundSql boundSql) {
    ......
  }
......
}
```

其中，用当前查询语句的上下文便可以得到 mappedStatement 和 parameterObject，而 BoundSql 则要使用统计总数的 SQL。因此，在构建新的 ParameterHander 之前，需要构建一个新的 BoundSql，它的构造方法如代码清单 9-32 所示。

代码清单 9-32：BoundSql 构造方法

```
public class BoundSql {
......
  public    BoundSql(Configuration    configuration,    String    sql,    List
<ParameterMapping> parameterMappings, Object parameterObject) {
    ......
  }
......
}
```

configuration，parameterMappings 和 parameterObject 都可以在当前执行查询 SQL 的 BoundSql 中获得，而我们仅仅需要修改统计的 SQL 而已。我们来看看 intercept 的实现，如代码清单 9-33 所示。

代码清单 9-33：插件分页 intercept 方法

```
    @Override
    public Object intercept(Invocation invocation) throws Throwable {
```

```
    StatementHandler stmtHandler = getUnProxyObject(invocation);
    MetaObject    metaStatementHandler    =    SystemMetaObject.forObject
(stmtHandler);
    String   sql   =   (String)   metaStatementHandler.getValue("delegate.
boundSql.sql");
    //不是 select 语句
    if (!checkSelect(sql)) {
        return invocation.proceed();
    }
    BoundSql   boundSql   =   (BoundSql)   metaStatementHandler.getValue
("delegate.boundSql");
    Object parameterObject = boundSql.getParameterObject();
    PageParams pageParams = getPageParams(parameterObject);
    if (pageParams == null) {//没有分页参数，不启用插件
        return invocation.proceed();
    }
    //获取分页参数，获取不到时候使用默认值
    Integer pageNum = pageParams.getPage() == null? this.defaultPage :
pageParams.getPage();
    Integer    pageSize    =    pageParams.getPageSize()    ==    null?
this.defaultPageSize : pageParams.getPageSize();
    Boolean    useFlag    =    pageParams.getUseFlag()    ==    null?
this.defaultUseFlag : pageParams.getUseFlag();
    Boolean    checkFlag    =    pageParams.getCheckFlag()    ==    null?
this.defaultCheckFlag : pageParams.getCheckFlag();
    if (!useFlag) {  //不使用分页插件
        return invocation.proceed();
    }
    int total = getTotal(invocation, metaStatementHandler, boundSql);
    //回填总数到分页参数里
    setTotalToPageParams(pageParams, total, pageSize);
    //检查当前页码的有效性
    checkPage(checkFlag, pageNum, pageParams.getTotalPage());
    //修改 SQL
    return   changeSQL(invocation,   metaStatementHandler,   boundSql,
pageNum, pageSize);
}
```

其中加粗的代码是需要后续讨论的方法。首先需要从代理对象中分离出真实对象，通过 MetaObject 绑定这个非代理对象来获取各种参数值，这是插件中常常用到的方法。让我们看看获取真实对象的方法，如代码清单 9-34 所示。

代码清单 9-34：获取真实对象

```
/**
    * 从代理对象中分离出真实对象
    * @param ivt --Invocation
    * @return 非代理 StatementHandler 对象
 */
private StatementHandler getUnProxyObject(Invocation ivt) {
    StatementHandler    statementHandler    =    (StatementHandler)
ivt.getTarget();
    MetaObject    metaStatementHandler    =    SystemMetaObject.forObject
(statementHandler);
        // 分离代理对象链(由于目标类可能被多个拦截器拦截，从而形成多次代理，通过循环可
以分离出最原始的目标类)
    Object object = null;
    while (metaStatementHandler.hasGetter("h")) {
        object = metaStatementHandler.getValue("h");
    }
    if (object == null) {
        return statementHandler;
    }
    return (StatementHandler) object;
}
```

这里从 BoundSql 中获取我们当前要执行的 SQL，如果是 select 语句我们才进行分页处理，否则直接通过反射执行原有的 prepare 方法，所以这里有一个判断的方法，如代码清单 9-35 所示。

代码清单 9-35：判断是否 select 语句

```
/**
    * 判断是否 select 语句
    * @param sql
    * @return
    */
private boolean checkSelect(String sql) {
    String trimSql = sql.trim();
    int idx = trimSql.toLowerCase().indexOf("select");
    return idx == 0;
}
```

这个时候需要获取分页参数。参数可以是 Map 对象，也可以是 POJO，或者通过@Param

注解。这里支持继承 PageParams 或者 Map。这里支持继承 PageParams 或者 Map，从映射器的内部组成的参数规则可以知道 @Param 方式在 MyBatis 也是一种 Map 传参。获取分页参数的方法，如代码清单 9-36 所示。

代码清单 9-36：获取分页参数

```
/**
     * 分解分页参数,这里支持使用 Map 和@Param 注解传递参数,或者 POJO 继承 PageParams,
这三种方式都是允许的
     * @param parameterObject --sql 允许参数
     * @return 分页参数
     */
private PageParams getPageParams(Object parameterObject) {
    if(parameterObject == null) {
        return null;
    }
    PageParams pageParams = null;
    //支持 Map 参数和 MyBatis 的@Param 注解参数
    if (parameterObject instanceof Map) {
        @SuppressWarnings("unchecked")
        Map<String,   Object>  paramMap  =  (Map<String,  Object>)
parameterObject;
        Set<String> keySet = paramMap.keySet();
        Iterator<String> iterator = keySet.iterator();
        while(iterator.hasNext()) {
            String key = iterator.next();
            Object value = paramMap.get(key);
            if (value instanceof PageParams) {
                return (PageParams)value;
            }
        }
    } else if (parameterObject instanceof PageParams) {//继承方式
        pageParams = (PageParams) parameterObject;
    }
    return pageParams ;
}
```

判断参数是否是一个 Map。如果是 Map，则遍历 Map 找到分页参数；如果不是 Map，就判断它是不是继承了 PageParams 类,如果是就直接返回。一旦得到的这个分页参数为 null 或者分页参数指示不启用插件，那么就直接执行原来拦截的方法返回。

得到分页参数后，要获取总数。获取总数是分页插件最难的部分，但是根据之前的分析我们也有了应对的方法，这个获取总数的方法，如代码清单 9-37 所示。

代码清单 9-37：分页插件获取总数的方法

```
/**
 * 获取总数
 *
 * @param ivt Invocation
 * @param metaStatementHandler statementHandler
 * @param boundSql sql
 * @return sql 查询总数
 * @throws Throwable 异常
 */
private int getTotal(Invocation ivt, MetaObject metaStatementHandler,
BoundSql boundSql) throws Throwable {
    //获取当前的 mappedStatement
    MappedStatement        mappedStatement        =        (MappedStatement)
metaStatementHandler.getValue("delegate.mappedStatement");
    //配置对象
    Configuration cfg = mappedStatement.getConfiguration();
    //当前需要执行的 SQL
    String  sql  =  (String)  metaStatementHandler.getValue("delegate.
boundSql.sql");
    // 改写为统计总数的 SQL，这里是 MySQL 数据库，如果是其他的数据库，需要按数据库
的 SQL 规范改写
    String countSql = "select count(*) as total from (" + sql + ") $_paging";
    //获取拦截方法参数，我们知道是 Connection 对象
    Connection connection = (Connection) ivt.getArgs()[0];
    PreparedStatement ps = null;
    int total = 0;
    try {
        //预编译统计总数 SQL
        ps = connection.prepareStatement(countSql);
        //构建统计总数 BoundSql
        BoundSql countBoundSql = new BoundSql(cfg, countSql, boundSql.
getParameterMappings(), boundSql.getParameterObject());
        //构建 MyBatis 的 ParameterHandler 用来设置总数 SQL 的参数
        ParameterHandler    handler    =    new    DefaultParameterHandler
(mappedStatement, boundSql.getParameterObject(), countBoundSql);
        //设置总数 SQL 参数
```

```
        handler.setParameters(ps);
        //执行查询
        ResultSet rs = ps.executeQuery();
        while (rs.next()) {
            total = rs.getInt("total");
        }
    } finally {
        //这里不能关闭 Connection，否则后续的 SQL 就没法继续了
        if (ps != null ) {
            ps.close();
        }
    }
    System.err.println("总条数: " + total);
    return total;
}
```

我们从 BoundSql 中获取了当前需要执行的 SQL，对它进行改写就可以得到我们统计的 SQL，然后使用 Connection 预编译。设置参数是难点，因为参数规则总数和当前要执行的查询是一致的，所以使用 MyBatis 提供的 ParameteHandler 进行参数设置即可。在此之前我们分析过，需要构建一个 BoundSql 对象，而除了计算总数的 SQL，所有的参数都可以从原来的 BoundSql 对象中获得。然后进一步利用 MyBatis 提供的 DefaultParameterHandler 构建 ParameterHandler 对象，并使用 setParameters 设置参数，采用 JDBC 的方式计算出总数并将其返回，但是这里不能够关闭 Connection 对象，因为后面的查询还需要用到它。

得到这个总数后将它回填到分页参数中，这样调用者就可以得到这两个在分页中很重要的参数，如代码清单 9-38 所示。

代码清单 9-38：回填总条数和总页数到分页参数

```
private void setTotalToPageParams(PageParams pageParams, int total, int
pageSize) {
      pageParams.setTotal(total);
      //计算总页数
      int totalPage = total % pageSize == 0 ? total / pageSize : total /
pageSize + 1;
      pageParams.setTotalPage(totalPage);
}
```

然后，根据分页参数的设置判断是否启用检测页码正确性的处理，当当前页码大于最

大页码的时候抛出异常，提示错误，如代码清单 9-39 所示。

代码清单 9-39：判断当前页码是否大于最大页码

```
/**
    * 检查当前页码的有效性.
    * @param checkFlag
    * @param pageNum
    * @param pageTotal
    * @throws Throwable
    */
   private void checkPage(Boolean checkFlag, Integer pageNum, Integer
pageTotal) throws Throwable {
       if (checkFlag) {
           //检查页码 page 是否合法.
           if (pageNum > pageTotal) {
               throw new Exception("查询失败，查询页码【" + pageNum + "】大于总
页数【" + pageTotal + "】!! ");
           }
       }
   }
```

这里根据设置的参数，判断是需要检测当前页码的有效性，当无效的时候抛出异常，这样 MyBatis 就会停止以后的工作，如果正常就继续。最后，我们修改当前 SQL 为分页的 SQL，如代码清单 9-40 所示。

代码清单 9-40：改写 SQL 以满足 SQL 分页的需求

```
/**
    * 修改当前查询的 SQL
    * @param invocation
    * @param metaStatementHandler
    * @param boundSql
    * @param page
    * @param pageSize
    * @throws Exception
    */
   private    Object    changeSQL(Invocation    invocation,    MetaObject
metaStatementHandler, BoundSql boundSql, int page, int pageSize) throws
Exception {
       //获取当前需要执行的 SQL
       String  sql  =  (String) metaStatementHandler.getValue("delegate.
```

```
boundSql.sql");
        //修改 SQL，这里使用的是 MySQL，如果是其他数据库则需要修改
        String newSql = "select * from (" + sql +")" + ") $_paging_table limit ?, ?
";
        //修改当前需要执行的 SQL
        metaStatementHandler.setValue("delegate.boundSql.sql", newSql);
        //相当于条用 StatementHandler 的 prepare 方法，预编译了当前 SQL 并设置原有的参
数，但是少了两个分页参数，它返回的是一个 PreparedStatement 对象
        PreparedStatement ps = (PreparedStatement)invocation.proceed();
        //计算 SQL 总参数个数
        int count = ps.getParameterMetaData().getParameterCount();
        //设置两个分页参数
        ps.setInt(count -1, (page - 1) * pageSize);
        ps.setInt(count, pageSize);
        return ps;
    }
```

首先，从对象中获取当前需要执行的 SQL，将其改写为分页的 SQL。然后，回填到对象中，但是改写后我们多加了两个分页参数，因此调度原有的方法（invocation.proceed()）后还差这两个参数没有设置。所以我们在后面再设置它，这样就可以调用原来的 prepare 方法对 SQL 进行预编译，完成了使用插件的任务，以后我们的查询都可以得到分页。

从上面的分析看，我们只有对 MyBatis 的四大对象十分了解，才能编写出想要的插件，所以第 6 章和第 7 章是这个分页插件的学习基础。注意，在 MyBatis 中使用插件要慎重，因为插件将覆盖原有对象的方法，所以必须慎用插件，能够不用尽量不要用它。

9.6 上传文件到服务器

在当今移动互联网时代使用上传头像、资料等功能是相当频繁的，本场景主要介绍 Spring MVC 下上传文件的实例。一般而言，我们上传的文件都不会保存到数据库中而是保存在文件服务器上，而把文件的路径保存到数据库中，需要我们注意一些细节，以提高系统性能。

这里我们先看一个糟糕的文件上传实例，读者请思考一下为什么它是糟糕的。我们创建页面，这里使用的是 easyui，其实使用普通的 HTML 也可以看到效果，如代码清单 9-41 所示。

代码清单 9-41：文件上传 HTML

```jsp
<%@page contentType="text/html" pageEncoding="UTF-8"%>
<!DOCTYPE HTML PUBLIC "-//W3C//DTD HTML 4.01 Transitional//EN" "http://
www.w3.org/TR/html4/loose.dtd">
<%
    String serverName = request.getServerName();
    int port = request.getServerPort();
    String context = request.getContextPath();
    String basePath = "http://" + serverName + ":" + port + context;
%>
<html>
    <head>
        <meta http-equiv="Content-Type" content="text/html; charset=UTF-8">
        <link rel="stylesheet" href="<%=basePath%>/easyui/themes/icon.css"
type="text/css"></link>
        <link rel="stylesheet" href="<%=basePath%>/easyui/themes/default/
easyui.css" type="text/css"></link>
        <script type="text/javascript" src="<%=basePath%>/easyui/jquery.
min.js"></script>
        <script type="text/javascript" src="<%=basePath%>/easyui/jquery.
easyui.min.js"></script>
        <script type="text/javascript" src="<%=basePath%>/easyui/locale/
easyui-lang-zh_CN.js"></script>
    </head>

    <body>
        <div class="easyui-panel" title="New Topic" style="width:400px">
            <div style="padding:10px 60px 20px 60px">
                <form id="fileForm" method="post" enctype="multipart/form-
data">
                    <table cellpadding="5">
                        <tr>
                            <td>image name:</td>
                            <td><input class="easyui-textbox" name="title"
id="title" data-options="required:true"></input></td>
                        </tr>
                        <tr>
                            <td>select file:</td>
                            <td><input class="easyui-filebox" id="imageFile"
name="imageFile" data-options="required:true, prompt:'Choose a file...'">
```

```
</input></td>
                    </tr>
                </table>
            </form>
            <div style="text-align:center;padding:5px">
                <a href="javascript:void(0)" class="easyui-linkbutton"
onclick="submitForm()">commit</a>
                <a href="javascript:void(0)" class="easyui-linkbutton"
onclick="clearForm()">reset</a>
            </div>
        </div>
    </div>
    <script>
        function submitForm() {
            $('#fileForm').form('submit',{
                url: "../file/upload.do",
                onSubmit: function(){
                    return true;
                },
                success: function(result, a, b){
                    var jsonResult = $.parseJSON(result);
                    alert(jsonResult.info);
                }
            });


        }
    </script>
    </body>
</html>
```

现在我们搭建 Spring MVC 控制器，它主要提供访问。当我们的请求提交的时候，Spring
MVC 控制器会根据 RequestMapping 的配置跳转到这个控制器上，如代码清单 9-42 所示。

代码清单 9-42：上传文件控制器

```
@Controller
public class FileController {

    @Autowired
    private FileService fileService = null;

    @RequestMapping(value = "/file/upload", method = RequestMethod.POST)
```

```java
@ResponseBody
public Message uploadFile(@RequestParam("title") String title,
HttpServletRequest request, ModelMap model) throws IOException {
    MultipartHttpServletRequest multipartRequest = (MultipartHttp
ServletRequest) request;
    MultipartFile imgFile = multipartRequest.getFile("imageFile");
    FileBean file = new FileBean();
    file.setTitle(title);
    Message msg = new Message();
    if (fileService.insertFile(imgFile, file)) {
        msg.setSuccess(true);
        msg.setInfo("插入成功");
    } else {
        msg.setSuccess(false);
        msg.setInfo("插入失败");
    }
    return msg;
}

private class Message {
    private boolean success = false;
    private String info = null;

    public boolean isSuccess() {
        return success;
    }

    public void setSuccess(boolean success) {
        this.success = success;
    }

    public String getInfo() {
        return info;
    }

    public void setInfo(String info) {
        this.info = info;
    }

}
```

```
    }
```

完成上面的操作后就要上传具体的服装类了。这里会用到的服务类有 Service 接口和
Service 实现类，它们主要提供上传和记录数据库信息的操作，如代码清单 9-43 所示。

代码清单 9-43：上传文件具体服务类

```
@Service
public class FileServiceImpl implements FileService {
    @Autowired
    private FileDAO fileDAO = null;

@Override
@Transactional(isolation    =    Isolation.READ_COMMITTED,    propagation    =
Propagation.REQUIRED)
    public boolean insertFile(MultipartFile imgFile, FileBean file) {
        String filePath = "F:/mybatis-files/" + new Date().getTime() +
imgFile.getOriginalFilename();
        file.setFilePath(filePath);
        fileDAO.insertFile(file);
        this.uploanFile(imgFile, filePath);
        return true;
    }


    private void uploanFile(MultipartFile imgFile, String filePath) {
        FileOutputStream os = null;
        FileInputStream in = null;
        try {
            os = new FileOutputStream(filePath);
            in = (FileInputStream) imgFile.getInputStream();
            byte []b = new byte[1024];
            while(in.read(b) != -1){
                os.write(b);
            }
            os.flush();
            os.close();
            in.close();

        } catch (Exception ex) {
            Logger.getLogger(FileServiceImpl.class.getName()).log
(Level.SEVERE, null, ex);
            //上传失败则抛出异常回滚事务
```

243

```
                 throw new RuntimeException("文件上传失败。");
            } finally {
                try {
                    if (os != null) {
                        os.close();
                    }
                } catch (IOException ex) {
                    Logger.getLogger(FileController.class.getName()).log(Level.
    SEVERE, null, ex);
                }
                try {
                    if (in != null) {
                        in.close();
                    }
                } catch (IOException ex) {
                    Logger.getLogger(FileController.class.getName()).log(Level.
    SEVERE, null, ex);
                }
            }
        }
    }
```

我们看看这个 insertFile 方法，我们先插入数据到数据库，然后进行写入文件到服务器的操作，貌似一切都很正常，逻辑也没有问题，但是笔者必须告诉你这是一段糟糕的代码。为什么呢？请思考一下。

在互联网时代，尤其是高性能的网站系统一个最重要的资源是数据库连接资源。如果不能准确关闭它们，那么系统将是一个低性能的系统。如果你对 Spring 了解，就应该明白 Spring 的数据库事务存活在 Service 层，从第一条 SQL 的执行就打开了数据库连接资源，直至方法结束。这里我们插入了一条数据到数据库，但是在我们将文件写入服务器的过程中，Spring 并没有关闭数据库资源，直至上传成功，方法结束，Spring 才会关闭数据库资源，试想如果有多个用户在上传大型文件，或者在高并发的环境中，多个上传文件的服务同时进行，就会占用大量的数据库连接，这时就极其容易宕机。这就是一个典型的没有正确关闭数据库连接资源引发系统的瓶颈问题，下面我们用示意图来描述它，这样会更加直观一些，如图 9-1 所示。

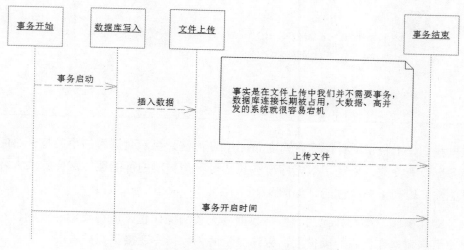

图 9-1 错误上传文件示意图

为了避免这些文件上传的代码应该考虑剥离文件上传的代码到 Controller 中去，让我们看看重写 Controller 上传文件的方法，如代码清单 9-44 所示。

代码清单 9-44：重写 Controller 上传文件的方法

```
@RequestMapping(value = "/file/upload", method = RequestMethod.POST)
    @ResponseBody
    public  Message  uploadFile(@RequestParam("title")  String  title,
HttpServletRequest request, ModelMap model) throws IOException {
        MultipartHttpServletRequest  multipartRequest  =  (MultipartHttp
ServletRequest) request;
        MultipartFile imgFile = multipartRequest.getFile("imageFile");
        FileBean file = new FileBean();
        String  filePath  =  "F:/mybatis-files/"  +  new  Date().getTime()  +
imgFile.getOriginalFilename();
        this.uploanFile(imgFile, filePath);
        file.setFilePath(filePath);
        file.setTitle(title);
        Message msg = new Message();
        if (fileService.insertFile(imgFile, file)) {
            msg.setSuccess(true);
            msg.setInfo("插入成功");
```

```
    } else {
      msg.setSuccess(false);
      msg.setInfo("插入失败");
    }
    return msg;
}
```

这里我们先上传了文件，然后调度 insertFile 方法，显然数据库的事务打开时间和文件上传服务器没有交集，避免了数据库事务长期得不到释放的可能性，这样就大大降低了宕机的可能性，提高了系统性能，如图 9-2 所示。

除了文件操作，还有其他的一些与数据库无关的操作也是值得我们注意的，在一些没有必要使用到数据库资源的操作上，应该尽量避免数据库连接资源被占用。

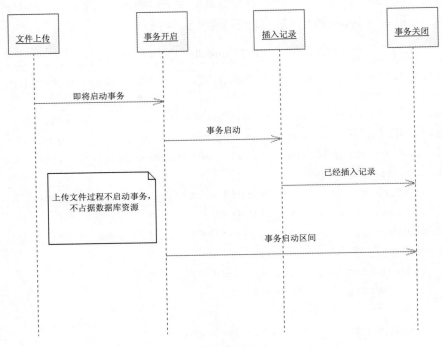

图 9-2　正确上传文件的示意图

9.7　在映射中使用枚举

在很多时候，我们希望将数据库的某些字典项转化为我们 Java 的枚举对象，这些在 MyBatis 的 typeHandler 中可以实现。而在 MyBatis 中，EnumTypeHandler 和 EnumOrdinalType Handler 并不是很好用。这个时候我们需要的是一个自定义的 typeHandler 去处理它们。现在让我们举个例子。

现在我们在系统里面定义了红、黄、蓝三种颜色可以使用。于是我们可以得到一个颜色枚举类，如代码清单 9-45 所示。

代码清单 9-45：颜色枚举类

```java
public enum Color {
    RED(1, "红"),
    YELLOW(2, "黄"),
    BLUE(3, "蓝色");

    Color(int code, String name) {
        this.code  = code;
        this.name = name;
    }

    private int code;
    private String name;

    public int getCode() {
        return this.code;
    }

    public static Color getEnumByCode(int code) {
        for (Color color : Color.values()) {
            if(color.code == code) {
                return color;
            }
        }
        return null;
    }
}
```

那么我们还需要定义一个自定义的 typeHandler 就可以了，参见代码清单 9-46。

代码清单 9-46：颜色的 typeHandler

```
public class ColorEnumTypeHandler implements TypeHandler<Color> {
    @Override
    public void setParameter(PreparedStatement ps, int i, Color color,
JdbcType jdbcType) throws SQLException {
        ps.setInt(i, color.getCode());
    }

    @Override
    public Color getResult(ResultSet rs, String name) throws SQLException
{

        int result = rs.getInt(name);
        return Color.getEnumByCode(result);
    }

    @Override
    public Color getResult(ResultSet rs, int i) throws SQLException {
        int result = rs.getInt(i);
        return Color.getEnumByCode(result);
    }

    @Override
    public Color getResult(CallableStatement cs, int i) throws SQLException{
        int result = cs.getInt(i);
        return Color.getEnumByCode(result);
    }

}
```

我们在映射器中配置 JavaType 和 JdbcType 以及 typeHandler 便可以使用自定义的类型了，如代码清单 9-47 所示。

代码清单 9-47：自定义的类型

```
......
    <resultMap    id="colorResultMapper"    type="com.learn.chapter9.pojo.
ColorBean">
        <result property="id" column="id"/>
```

```
<result property="color" column="color" jdbcType="INTEGER"
        javaType="com.learn.chapter9.typeHandler.Color"
typeHandler="com.learn.chapter9.typeHandler.ColorEnumTypeHandler"/>
    <result property="note" column="note"/>

</resultMap>

<select id="getColor" parameterType="int" resultMap="colorResultMapper">
    select id, color, note from t_color where id = #{id}
</select>
......
```

注意加粗的代码的配置，这样就可以在这里使用映射为枚举，而不需要在配置文件里面添加任何的配置了。

9.8　多对多级联

我们在第 4 章里面讨论了一对一、一对多的级联以及鉴别器的使用，在现实中还会有多对多的级联。比如用户和角色，一个用户可以拥有多个角色，同样一个角色也可以拥有多个用户。这样就是多对多的关系，有可能我需要查询的一个用户有多少个角色，也有可能查询一个角色下有哪些用户。一般而言，处理多对多的关系采用双向关联的形式。这就意味着你中有我，我中有你。我们一般的做法是把它们拆分为两部分，使角色类和用户类形成一对多的格局，同时用户和角色也是一对多的格局，通过这两个一对多来实现多对多的功能。在很多的情况下，我们有时候只需要用户的信息而不需要角色的信息，所以这个时候我们设置的策略为角色可以延迟加载。同样，对角色而言，用户也需要延迟加载，以保证没有必要的性能丢失。

关于这个模型请参看附录 A 部分，对数据库模型的描述。

首先，我们需要构建 POJO，这里我们在角色类（Role）里面需要构建一个 List 对象，它的泛型为用户类；而在用户类中我们也需要一个 List 属性，其泛型为角色类，于是我们得到了如代码清单 9-48 所示的两个类。

代码清单 9-48：角色类和用户类

```
/**
```

```
 * 角色类
 */
public class Role implements Serializable {
    private static final long serialVersionUID = -728748601095040554L;
    private Long id;
    private String roleName;
    private String note;
    //使用 List 保存关联对象
    private List<User> userList;
    ......setter and getter......
}

/**
 * 用户类
 */
public class User implements Serializable {
    private static final long serialVersionUID = -5261054170742785591L;
    private Long id;
    private String userName;
    private String cnname;
    private SexEnum sex;
    private String mobile;
    private String email;
    private String note;
    //使用 List 保存关联对象
    private List<Role> roleList;
    ......setter and getter.......
}
```

这样，我们取出角色的时候，关联的用户就可以保存在其属性 userList 中；同样，我们取出用户的时候，其角色也可以保存在属性 roleList 中。这里我们拆解为两个一对多的关联，所以在关联的时候需要用到的是 resultMap 中的 collection 元素，我们需要在映射文件中配置关联关系，方法如代码清单 9-49 所示。

代码清单 9-49：配置关联关系

```xml
<!--#################UserMapper.xml####################-->
<?xml version="1.0" encoding="UTF-8" ?>
<!DOCTYPE mapper PUBLIC "-//mybatis.org//DTD Mapper 3.0//EN"
"http://mybatis.org/dtd/mybatis-3-mapper.dtd">
<mapper namespace="com.learn.chapter9.mapper.UserMapper">
```

```xml
<resultMap type="com.learn.chapter9.pojo.User" id="userMapper">
    <id property="id" column="id" />
    <result property="userName" column="user_name" />
    <result property="cnname" column="cnname" />
    <result property="sex" column="sex"
            javaType="com.learn.chapter9.enums.SexEnum" jdbcType="INTEGER"
typeHandler="com.learn.chapter9.typehandler.SexTypeHandler"/>
    <result property="mobile" column="mobile" />
    <result property="email" column="email" />
    <result property="note" column="note" />
    <collection property="roleList" column="id" fetchType="lazy"
    select="com.learn.chapter9.mapper.RoleMapper.findRoleByUserId"/>
</resultMap>
<select id="getUser" parameterType="long" resultMap="userMapper">
select id, user_name, cnname, sex, mobile, email, note from t_user
where id = #{id}
</select>
<select id="findUserByRoleId" parameterType="long" resultMap="userMapper">
    select a.id, a.user_name, a.cnname, a.sex, a.mobile, a.email, a.note
from t_user a, t_user_role b where a.id = b.role_id and b.user_id = #{userId}
</select>
</mapper>


<!--################RoleMapper.xml####################-->
<?xml version="1.0" encoding="UTF-8" ?>
<!DOCTYPE mapper PUBLIC "-//mybatis.org//DTD Mapper 3.0//EN"
"http://mybatis.org/dtd/mybatis-3-mapper.dtd">
<mapper namespace="com.learn.chapter9.mapper.RoleMapper">

    <resultMap type="com.learn.chapter9.pojo.Role" id="roleMapper">
        <id property="id" column="id" />
        <result property="roleName" column="role_name" />
        <result property="note" column="note"/>
        <collection property="userList" column="id" fetchType="lazy"

    select="com.learn.chapter9.mapper.UserMapper.findUserByRoleId" />
    </resultMap>
```

```
<select id ="getRole" resultMap="roleMapper">
    select id, role_name, note from t_role where id = #{id}
</select>

<select id="findRoleByUserId" resultMap="roleMapper">
    select a.id, a.role_name, a.note from t_role a, t_user_role b
      where a.id = b.user_id  and b.user_id = #{userId}
</select>
</mapper>
```

这个配置和平时的配置大致是一样的，只是在加粗的代码上做了一些处理，它们都用了 select 元素，用全限制名的方式指向了对应的 SQL，这样 MyBatis 就知道用对应的 SQL 把数据取回来，然后保存到你的 POJO 中。这里我们用了 column，它是制定传递的参数，而我们把 fetchType 设置为 lazy，这样配置是为了达到延迟加载的作用。当我们取出角色而不访问其关联用户的时候，MyBatis 便不会发送对应的 SQL 取回我们并不关心的数据，只有当我们访问其关联的数据的时候，它才会发送 SQL 取回我们感兴趣的数据。让我们运行一下代码清单 9-50。

代码清单 9-50：测试多对多关联

```
sqlSession = SqlSessionFactoryUtil.openSqlSession();
RoleMapper roleMapper = sqlSession.getMapper(RoleMapper.class);
//取出角色，此时并不发送 SQL 取回用户，因为设置了延迟加载
Role role = roleMapper.getRole(1L);
//访问用户，此时才会发送 SQL，取回对应的用户信息
List<User> userList = role.getUserList();
UserMapper userMapper = sqlSession.getMapper(UserMapper.class);
//取出角色，因延迟加载，所以不会发送 SQL 取回角色信息
User user = userMapper.getUser(1L);
```

运行此代码，我们可以得到下面的结果。

```
DEBUG 2016-04-07 00:01:04,518 org.apache.ibatis.logging.jdbc. BaseJdbcLogger:
==> Preparing: select id, role_name, note from t_role where id = ?
DEBUG 2016-04-07 00:01:04,542 org.apache.ibatis.logging.jdbc.BaseJdbcLogger:
==> Parameters: 1(Long)
DEBUG 2016-04-07 00:01:04,745 org.apache.ibatis.logging.jdbc.BaseJdbcLogger:
<==      Total: 1
DEBUG 2016-04-07 00:01:04,747 org.apache.ibatis.logging.jdbc.BaseJdbcLogger:
```

```
==>  Preparing: select a.id, a.user_name, a.cnname, a.sex, a.mobile, a.email,
a.note from t_user a, t_user_role b where a.id = b.role_id and b.user_id = ?
DEBUG 2016-04-07 00:01:04,748 org.apache.ibatis.logging.jdbc.BaseJdbcLogger:
==>  Parameters: 1(Long)
DEBUG 2016-04-07 00:01:04,831 org.apache.ibatis.logging.jdbc.BaseJdbcLogger:
<==       Total: 1
DEBUG 2016-04-07 00:01:04,834 org.apache.ibatis.logging.jdbc.BaseJdbcLogger:
==>  Preparing: select id, user_name, cnname, sex, mobile, email, note from
t_user where id = ?
DEBUG 2016-04-07 00:01:04,834 org.apache.ibatis.logging.jdbc.BaseJdbcLogger:
==>  Parameters: 1(Long)
DEBUG 2016-04-07 00:01:04,837 org.apache.ibatis.logging.jdbc.BaseJdbcLogger:
<==       Total: 1
```

我们打印出来的 SQL 一共是三句，其中通过用户访问角色的 SQL 并没有打印出来，因为我们没有通过用户去访问角色，只有我们访问了角色才会运行，这就是延迟加载。

9.9　总结

本章主要是带领大家去编写一些实用场景的代码，有一些是我们之前谈到过的场景，大家可以当作一次很好的复习，比如分表，使用插件进行分页，使用 typeHandler 处理枚举类型，使用关联关系来处理多对多关联等，这是一些常用的场景。

还有一些常用但不容易处理好的场景，比如上传文件的事务处理，批量更新，这些场景容易出现的问题需要读者自己用代码去编写，在实际操作中才能得到深刻体会和理解。

此外，我们之前没有提及的内容，比如存储过程的 in 和 out 参数，游标的处理，以及 BLOB 字段的读写等，这些需要我们认真学习，小心处理，尤其是 BLOB 字段极其容易产生性能问题。

以上是一些在互联网中常见的场景，笔者给出了自己的看法，在编写的过程中我们都可以感受到 MyBatis 的运行过程和一些编程的技巧，有助于大家对 MyBatis 框架的理解，在工作和学习中需要注意它们的使用，以避免不必要的错误和性能丢失，造成系统的瓶颈。

附录 A

数据库模型描述与级联学生关系建表语句

1. 数据库模型描述

如果没有提及特殊的场景，本书一般都采用 MySQL 数据库，并运用了以下的数据模型，如图附录 A-1 所示。

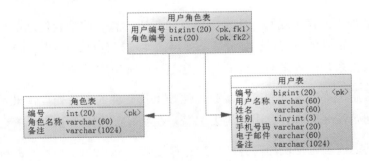

图附录 A-1　本书使用的数据库模型

这个场景还是比较简单的，适合我们入门使用，角色和用户作为一个独立的实体，存放在角色和用户表中，它们之间使用一个用户角色表关联，该表有用户的编号和角色的编号。一个用户可以有多个角色，同样一个角色也可以有多个用户，二者是多对多的关系。

下面我们给出它们的建表语句，如代码清单附录 A-1 所示。

代码清单附录 A-1：数据库模型建表语句

```
/*================================================================*/
```

```
/* Table: T_ROLE                                              */
/*==============================================================*/
create table T_ROLE
(
   id                   int(20) not null auto_increment comment '编号',
   role_name            varchar(60) not null comment '角色名称',
   note                 varchar(1024) comment '备注',
   primary key (id)
);


/*==============================================================*/
/* Table: T_USER                                               */
/*==============================================================*/
create table T_USER
(
   id                   bigint(20) not null auto_increment comment '编号',
   user_name            varchar(60) not null comment '用户名称',
   cnname               varchar(60) not null comment '姓名',
   sex                  tinyint(3) not null comment '性别',
   mobile               varchar(20) not null comment '手机号码',
   email                varchar(60) comment '电子邮件',
   note                 varchar(1024) comment '备注',
   primary key (id)
);


/*==============================================================*/
/* Table: T_USER_ROLE                                          */
/*==============================================================*/
create table T_USER_ROLE
(
   user_id              bigint(20) not null comment '用户编号',
   role_id              int(20) not null comment '角色编号',
   primary key (user_id, role_id)
);


alter table T_USER_ROLE add constraint FK_Reference_1 foreign key (user_id)
     references T_USER (id) on delete restrict on update restrict;

alter table T_USER_ROLE add constraint FK_Reference_2 foreign key (role_id)
     references T_ROLE (id) on delete restrict on update restrict;
```

2. 级联学生关系建表语句

代码清单附录 A-2：级联学生关系建表语句

```sql
drop table if exists t_lecture;

drop table if exists t_student;

drop table if exists t_student_health_female;

drop table if exists t_student_health_male;

drop table if exists t_student_lecture;

drop table if exists t_student_selfcard;

/*==============================================*/
/* Table: t_lecture                           */
/*==============================================*/
create table t_lecture
(
   id                int(20) not null auto_increment comment '编号',
   lecture_name      varchar(60) not null comment '课程名称',
   note              varchar(1024) comment '备注',
   primary key (id)
);


/*====================================================*/
/* Table: t_student                                 */
/*====================================================*/
create table t_student
(
   id                int(20) not null auto_increment comment '编号',
   cnname            varchar(60) not null comment '学生姓名',
   sex               tinyint(4) not null comment '性别',
   selfcard_no       int(20) not null comment '学生证号',
   note              varchar(1024) comment '备注',
   primary key (id)
);


/*====================================================*/
/* Table: t_student_health_female                   */
```

```
/*================================================================*/
create table t_student_health_female
(
   id                 int(20) not null auto_increment comment '编号',
   student_id         varchar(60) not null comment '学生编号',
   check_date         varchar(60) not null comment '检查日期',
   heart              varchar(60) not null comment '心',
   liver              varchar(60) not null comment '肝',
   spleen             varchar(60) not null comment '脾',
   lung               varchar(60) not null comment '肺',
   kidney             varchar(60) not null comment '肾',
   uterus             varchar(60) not null comment '子宫',
   note               varchar(1024) comment '备注',
   primary key (id)
);


/*================================================================*/
/* Table: t_student_health_male                                   */
/*================================================================*/
create table t_student_health_male
(
   id                 int(20) not null auto_increment comment '编号',
   student_id         varchar(60) not null comment '学生编号',
   check_date         varchar(60) not null comment '检查日期',
   heart              varchar(60) not null comment '心',
   liver              varchar(60) not null comment '肝',
   spleen             varchar(60) not null comment '脾',
   lung               varchar(60) not null comment '肺',
   kidney             varchar(60) not null comment '肾',
   prostate           varchar(60) not null comment '前列腺',
   note               varchar(1024) comment '备注',
   primary key (id)
);


/*================================================================*/
/* Table: t_student_lecture                                       */
/*================================================================*/
create table t_student_lecture
(
   id                 int(20) not null auto_increment comment '编号',
   student_id         int(20) not null comment '学生编号',
```

```
    lecture_id        int(20) not null comment '课程编号',
    grade             decimal(16,2) not null comment '评分',
    note              varchar(1024) comment '备注',
    primary key (id)
);


/*==============================================================*/
/* Table: t_student_selfcard                          */
/*==============================================================*/
create table t_student_selfcard
(
    id                int(20) not null auto_increment comment '编号',
    student_id        int(20) not null comment '学生编号',
    native            varchar(60) not null comment '籍贯',
    issue_date        date not null comment '发证日期',
    end_date          date not null comment '结束日期',
    note              varchar(1024) comment '备注',
    primary key (id));
}
```